无刷直流电机矢量控制技术

〔日〕江崎雅康 著

查君芳 译

科学出版社

北京

图字：01-2018-4468号

内 容 简 介

本书以无刷直流电机为研究对象，从电机是如何旋转的入手，在介绍有刷直流电机的基础上，深入浅出地讲解无刷直流电机矢量控制技术。

全书分为2个部分，共9章：电机技术成了战略技术，有刷直流电机的工作原理和特征、驱动电路，无刷直流电机的特征和工作原理，无刷直流电机驱动方式的进化，无刷直流电机矢量控制理论，无刷直流电机矢量控制实际，无刷直流电机矢量控制编程，无刷直流电机矢量控制开发平台，定位伺服控制板的开发和机器人应用。

本书可用于本科、高职高专院校的电机、电子、自动化相关专业的教学，也可作为工业控制、自动化控制等行业技术人员的参考书。

图书在版编目（CIP）数据

无刷直流电机矢量控制技术/（日）江崎雅康著；查君芳译. —北京：科学出版社，2019.1（2024.1重印）
　　ISBN　978-7-03-059644-4

　　Ⅰ.①无…　Ⅱ.①江…②查…　Ⅲ.①无刷电机–直流电机–矢量–控制　Ⅳ.①TM345

中国版本图书馆CIP数据核字（2018）第263259号

责任编辑：喻永光　杨　凯 / 责任制作：魏　谨
责任印制：霍　兵 / 封面设计：张　凌
北京东方科龙图文有限公司　制作
http://www.okbook.com.cn

科 学 出 版 社 出版
北京东黄城根北街 16 号
邮政编码：100717
http://www.sciencep.com

北京中石油彩色印刷有限责任公司　印刷
科学出版社发行　　各地新华书店经销
*
2019年 1 月第 一 版　　开本：787×1092　1/16
2024年 1 月第七次印刷　　印张：9 3/4
字数：180 000

定价：58.00元
（如有印装质量问题，我社负责调换）

前　言

　　小学6年级的时候，笔者就在理科实验中体验过（直流）电机（本书特指电动机）的组装。制作了磁场、电枢，绕了漆包线，是正式的电子制作。漆包线缠绕方式不对，修理碳刷（换向器）的接触不良，好不容易运转时的感动至今仍记忆犹新。

　　拥有近200年历史的电机技术，可以称为古典技术，是非常质朴的存在。现在，电机持续改良，作为人们生活和生产的支撑，占据着重要地位。

　　围绕着核能发电的是非，舆论一分为二，节电成了一个大的社会性课题。在日本国内，总耗电量99.96×10^{10}kW·h的57.3%来自电机（2005年统计），照明领域内已经致力于将白炽灯及日光灯替换成LED照明设备。显而易见，最有成效的节能，是电机的节电。

　　调高空调的设置温度，通过洒水及搭丝瓜遮阳棚、摇扇来抵御暑热的节电是很重要，但有限度。在不损失舒适感的情况下实现节电，是件多么惬意的事情！

　　现在，日本国内普遍使用的是感应电机，如果替换成无刷直流电机，可以期待实现10%~50%的效率改善。

　　在家庭中，空调和冰箱的耗电量占据很大比例。现在，无刷直流电机的应用正以空调、冰箱、滚筒式洗衣机为中心快速发展。另外，EV（电动汽车）及混合动力车采用的也是无刷直流电机。

　　本书从电机是如何旋转的，到无刷直流电机矢量控制技术，都将进行深入浅出的讲解。

　　新型PC（个人计算机）能够在时钟秒针刚好移动一格的1s内进行5×10^{7}次9位数的加减法、乘法。无刷直流电机的矢量控制就是应用了这种计算能力的控制方式。

　　本书虽是面向电气、电子技术领域的技术人员的，但也想让生在环境和能源问题时代的人们阅读。暂且不论矢量控制的难懂的公式，只要大家理解了无刷直流电机矢量控制技术的概要，也许对这个世界的看法就会发生改变。

　　在家电大卖场的冰箱展厅，就没有感到疑惑的事情吗？并排放着同样大小的冰箱，显示的年耗电量却相差2倍以上。冰箱的隔热及压缩机会有不同，但最大的区别在于压缩机用的电机。

　　在日本国内，"变频空调"并不是什么新鲜词汇。20世纪80年代的变频空调采用的是感应电机（Induction Motor），而90年代变为无刷直流电机，变频控制技术发生了很大的变化。

人们选择室内空调的倾向性已经发生了变化，选择EV及混合动力车的标准也在提高，大家也许能从技术人员的角度去看这些东西。

本书的策划始于2009年7月，那时笔者见到了搭载矢量引擎的ARM Cortex-M3微控制器TMPM370。历时4年，多亏了厂商（东芝）相关负责人的协助及CQ出版社相关负责人的尽职，本书终得以出版。在这个过程中，笔者常常经受日常业务的冲击，CQ出版社的编辑不厌其烦，还一直在激励笔者，真是令人钦佩。在此一并表示感谢。

目　录

第 9 章　定位伺服控制板的开发和机器人应用
——使用 TMPM370 驱动双足步行机器人

第1部分

基础篇

第1章　电机技术成了战略技术

—— 环境和能源问题备受关注的时代

〔日〕江崎雅康

1.1　有近200年历史的电机技术是支撑人们生活和生产的重要基础

电机的原型发明于19世纪前半叶。1821年，迈克尔·法拉第（Michael Faraday，英国）发明了最初的电机——法拉第电机（Faraday Motors）。

实用型换向器式直流电机是英国科学家William Sturgeon在1832年发明的。接着，美国的托马斯·达文波特开发了可商用的换向器式直流电机，并在1837年获得了专利权。

拥有近200年历史的电机技术，与只有40余年历史的微控制器技术及新近的互联网技术相比，可以称得上是古典技术。计算机及网络相关的技术取得快速进步而受到关注，电机技术就显得不太引人注意了。

但是，电机技术至今仍在不断改良，作为支撑人们生活和生产的重要技术，占据着重要地位。

1.2　总耗电量的57.3%来自电机——电机控制技术是节电的关键

围绕核能发电的是非，舆论一分为二，节电成了一项大的社会性问题。图1.1为按照用电设备统计的耗电量。虽然有点旧，但笔者觉得现在并没有太大变化，所以就刊登出来了。电机耗电量占日本国内总耗电量99.96×10^{10}kW·h的57.3%。

图1.2是按领域统计的日本国内的耗电量情况。其中，电机耗电量的占比如下。

- ·工业领域　　29.49×10^{10}kW·h　　69.0%
- ·商业领域　　16.43×10^{10}kW·h　　56.6%
- ·家庭领域　　11.40×10^{10}kW·h　　40.4%

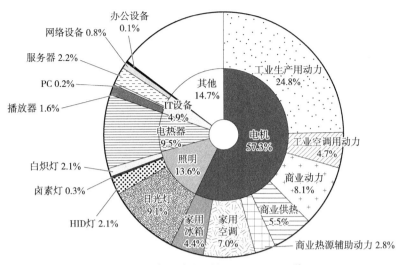

（工业+商业+家庭）总耗电量：99.96×10^{10} kW·h

图 1.1　日本国内耗电量的统计（2005 年）[1]

照明领域已经致力于将白炽灯和日光灯替换成LED。但是，最有成效的节能，是电机的节电，这一点很明确。

调高空调的设置温度，通过洒水及搭丝瓜遮阳棚、摇扇来抵御暑热，对节电很重要，但是有限度。通过提高电机效率来节电成了技术人员的课题。

1.3　无刷直流电机矢量控制技术的引入

如图1.2（c）所示，在家庭领域，空调、冰箱的耗电量占比很大。1990年以前，空调、冰箱、洗衣机、吸尘器等家用电器使用的基本上都是感应电机。

但是1990年以后，以空调、冰箱、滚筒式洗衣机为中心，无刷直流电机的矢量控制技术得到了快速引入。

在日本国内，"变频空调"并不是什么新鲜词汇。20世纪80年代的变频空调采用的是感应电机，90年代以后采用的是无刷直流电机，变频控制技术发生了很大的变化。

在家电大卖场的冰箱展厅，就没有感到疑惑的事情吗？并排放着同样大小的冰箱，显示的年耗电量却相差2倍以上。冰箱的隔热及压缩机会有不同，但最大的区别在于压缩机电机的效率。

图1.3是笔者写作本书时在家电大卖场发现的电风扇新品。打出"耗电量约1/3"这么大胆的广告语，也是因为采用无刷直流电机代替了以前的感应电机。

现在，无刷直流电机仅用于空调、冰箱、滚筒式洗衣机等较贵的家电产品。这是

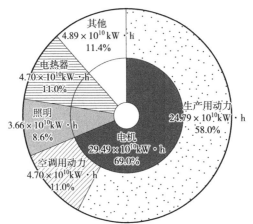

耗电量合计: 42.73 × 10¹⁰ kW·h

（a）工业领域

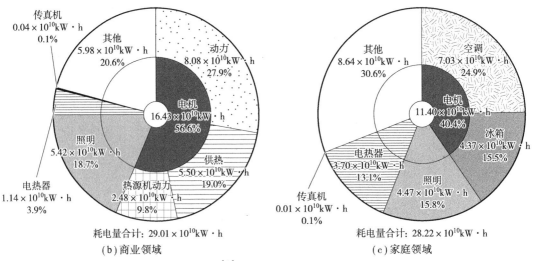

耗电量合计: 29.01 × 10¹⁰ kW·h

（b）商业领域

耗电量合计: 28.22 × 10¹⁰ kW·h

（c）家庭领域

图 1.2 按领域统计的日本国内耗电量明细[1]

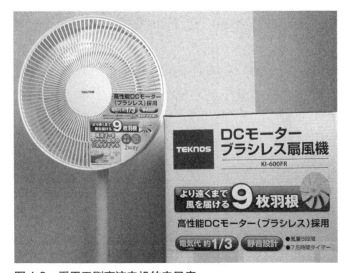

图 1.3 采用无刷直流电机的电风扇

因为，与以前的感应电机相比，无刷直流电机的价格较高。今后，随着节电意识的增强，电机成本下降，可想而知，从电风扇到榨汁机、洗衣机、吸尘器等商品，也会采用无刷直流电机。

1.4　从感应电机到无刷直流电机的矢量控制

什么变了？首先是从感应电机到无刷直流电机的变化。无刷直流电机也称为BL直流电机（Brushless Direct Current Motor）。以前的有刷直流电机的碳刷没有了，就变成了无刷直流电机。

起初一般都是方波驱动。之后，为了抑制振动，采用正弦波驱动；为了进行位置检测，采用无霍尔元件的无传感器驱动。现在，又出现了将流入线圈的电流最大限度地转化为转矩的矢量控制技术。

对于无刷直流电机，有时也会被称为PMSM（Permanent Magnetic Synchronouse Motor，永磁同步电机），现在不妨看成是同一个东西。本书中统称为无刷直流电机。

1.5　本书的目的

本书的目的是简要讲解无刷直流电机的矢量控制。如第2章，在讲述图1.4所示的插秧后除草的稻鸭机器人时，详细说明了有刷直流电机的工作原理。

图 1.4　稻鸭机器人（日本岐阜县情报技术研究所）
通过强力的履带动作进行插秧后的除草

第3章对方波驱动无刷直流电机的结构进行了说明。无刷直流电机将配合转子旋转切换电流的碳刷换成了晶体管、FET等电子开关器件，特征是寿命长、噪声小及灰尘少。

第4章，在探讨无刷直流电机的技术进步之后，对正弦波驱动、无传感器驱动等技术进行讲解。与以前的方波驱动相比，正弦波驱动具有转动平滑且振动及噪声小的特点。无传感器驱动是取消检测转子位置的霍尔元件，通过线圈产生的感应电动势检测转子位置的一项技术。

第5章对无刷直流电机的矢量控制技术的基础进行了讲解。

第6章、第7章介绍搭载了矢量引擎的微控制器TMPM370，从硬件和软件两方面具体讲解矢量控制的实际。

第8章介绍使用了搭载矢量引擎的ARM Cortex-M3微控制器TMPM370的无刷直流电机矢量控制开发平台。无刷直流电机矢量控制是充分利用32位微控制器的处理能力的高级控制技术。

使用TMPM370后，开发会变得比较容易，但并不是毫无开发经验的技术人员在一两个月内能掌握的技术。矢量控制开发平台是辅助开发第一阶段的主要工具。

第9章介绍定位伺服控制板的设计案例。该伺服控制板采用TMPM370，可控制200～500W的电机。将图1.5所示的伺服控制板装到图1.6所示的机器人上，进行评估实验。

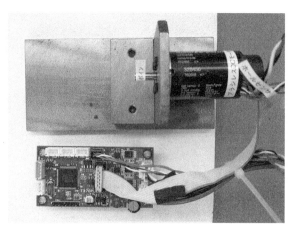

图 1.5　制作的定位伺服控制板 T370POS

图 1.6　实际安装 T370POS：高 2m 的 HAJIME 机器人 33 号

1.6　无刷直流电机矢量控制技术的发展

以前汽车上就用了很多电机。进入EV时代后，电机将替代发动机，成为重要的基础技术。电机功率左右着EV的能耗和续航距离，强启动转矩、无振动的电机驱动是EV的性能竞争关键技术。

东京地铁银座线，搭载了PMSM的车辆于2007年9月投入运营，后来人们对运营线路的行驶数据进行了采集。与以前的感应电机相比，结果是：

- ·耗电量减小：6.8%
- ·噪声的改善（65km/h）：86.7dB（感应电机）→85.0dB（PMSM）

效果得到了确认[2]。今后，轨道交通运输设施也将引入无刷直流电机，这是值得期待的。

图1.2（a）所示工业领域的电机耗电量为69.0%，占了很大比例。图1.7、图1.8引用了日本经济产业省的资料，三相感应电机及单相感应电机的日本国内出货数据统计（2008年）如下：

- ·台数：1128万（92%）
- ·容量：22 767MW（92%）

其中，仅三相感应电机的耗电量就达到了日本工业领域耗电量的75%，约占总耗电量的55%。这么多的电能被用于泵、风机、压缩机等多种用途。

因为还存在技术上的问题、设备成本的问题，所以不能武断地下结论说"将这样的感应电机替换成无刷直流电机可以节电××%"。但是，考虑到全世界的环境和能源问题，从中长期来看，替换成高效率电机是时代趋势。

工业自动化用机器人，空调、冰箱、滚筒式洗衣机等家电产品，以及EV动力

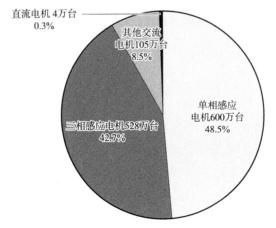

图 1.7　日本国内的三相感应电机现状——出货数量[3]

来源：日本经济产业省生产动态统计（2008年）

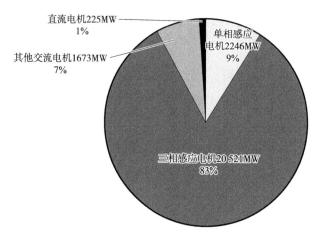

图1.8 日本国内三相感应电机的现状——出货容量[3]

来源：日本经济产业省生产动态统计（2008年）

源，已经开始采用无刷直流电机矢量控制技术——今后甚至会发展到所有领域。笔者是这么认为的。

电机技术已成为支撑人们生活和生产的战略技术。希望本书对大家理解最新的电机控制技术有所帮助。

参考文献

［1］（财）新機能素子研究開発協会．電力使用機器の消費電力量に関する現状と近未来の動向調査．2009.

［2］東京メトロ銀座線車両向け PMSM 主回路システム．東芝レビュー．2008,63（6）.

［3］経済産業省総合資源エネルギー調査会省エネルギー基準部会三相誘導電動機判断基準小委員会（第1回）．三相誘導電動機の現状について．2011.

第 2 章 有刷直流电机的工作原理和特征、驱动电路

—— 从常见的电机开始讲解

〔日〕江崎雅康

在开始无刷直流电机的讲解之前，让我们先来理解一下有刷直流电机的结构。为了切换电流的方向，有刷直流电机中设有机械接点。从塑料模型到稻鸭机器人，有刷直流电机的应用十分常见。

2.1 至今仍被经常使用的有刷直流电机

我们身边的产品中使用了各种各样的电机，其中最常见的是图2.1所示的有刷（换向器）直流电机。它历史悠久，可以说是电机的鼻祖。

有刷直流电机的结构简单，价格便宜，能产生强大的转矩（旋转力）。但是，因为有碳刷（换向器）这样的机械接点，所以存在寿命短、产生噪声及灰尘的缺点。

有刷直流电机常用于塑料模型赛车、迷你四驱车（田宫）等玩具，也

图 2.1　工业用有刷直流电机（20W）

用于电动牙刷、电动剃须刀及手机振动器等，是现在常用的电机。

介绍一个异类。图2.2是日本经济产业省委托事业开发的稻鸭机器人试制机。这个机器人可以起到稻鸭的作用，代替农药去除稻田里的杂草，减少化学肥料的使用。它也使用了2个250W的强力有刷直流电机。

仅用搭载的电池，稻鸭机器人就可以持续运行2h，完成1000m^{2}稻田的除草（抑草）作业。稻鸭机器人在插秧后的稻田里到处活动，通过下述动作实现除草。

① 利用履带将水弄混浊，使太阳光线无法到达水底，从而抑制杂草的生长。

② 利用履带搅拌水底的泥，使在水底萌芽的杂草上浮，阻止它生长。

（a）　　　　　　　　　　　　　　　　　　　　　（b）

图 2.2　稻鸭机器人（由日本经济产业省委托事业开发）

搅拌稻田里的泥需要不间断的大转矩（旋转力），有刷直流电机最适合这个用途。因为已经在电视新闻中播放了，也许有人收看过。现在，日本农林水产省委托事业"推进新农林水产政策的实用技术开发事业"正在以产业化为目标，反复进行评估实验。

为了理解本书中介绍的无刷直流电机及矢量控制技术，我们需要先理解电机的鼻祖——有刷直流电机的工作原理。

2.2　有刷直流电机的结构和旋转机理

有刷直流电机的标准结构如图2.3（a）所示，有3个要素。

· 磁场：形成固定磁场的磁铁

· 电枢：在固定磁场内旋转的磁铁

· 换向器（换向片＋碳刷）：根据电枢旋转来切换电流方向的机械开关

有刷直流电机依靠磁场（F）和电枢（A）的N极和S极产生的吸引力旋转。如图2.3（a）所示，磁场使用了永磁体。大型有刷直流电机中的磁场是由线圈组成的电磁铁生成的，如图2.4所示。

有刷直流电机的电枢又称为转子，在磁场中旋转。电枢的线圈，由换向器（换向片＋碳刷）的机械接点供电。

直流电机可根据电枢的极数分为2极电机、3极电机等。塑料模型及迷你四驱车用的电机是3极电机，工业电机一般是7～9极电机。

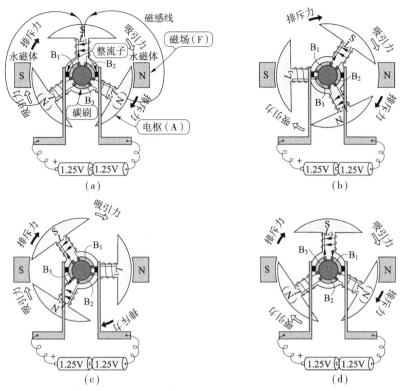

图 2.3 有刷直流电机的工作原理

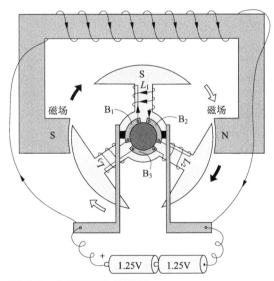

图 2.4 电磁铁产生的磁场

2.3 有刷直流电机的工作原理和特征

图2.3展示了3极电机的结构，我们借此说明有刷直流电机的工作原理。固定在左

右的永磁体形成磁场。中央电枢的3极铁芯上绕有线圈L_1、L_2、L_3，3组线圈分别接碳刷B_1、B_2、B_3。电池电压通过换向器和碳刷接点向线圈供电。

现在，假设电枢处于图2.3（a）所示的位置。由于换向器与碳刷B_1和B_2接触，来自电池的电流按箭头方向流入线圈L_1。这样一来，线圈L_1产生粗箭头方向的磁动势，L_1就成了S极。没有电流流入线圈L_2、L_3，但因为线圈L_1的磁动势的作用，它们同时变成N极（参见专栏）。

结果是，电枢在电磁铁的作用下，顺时针旋转。然后，电枢来到图2.3（b）所示的位置，正极侧换向器和碳刷B_3开始接触，电流按图示箭头方向流入L_2。所以，L_2仍是N极，电枢按顺时针方向继续旋转。线圈L_3没有电流流入，相对于L_1、L_2的磁动势处于中立位置。

电枢旋转到图2.3（c）所示的位置时，电流按箭头方向流入线圈L_2、L_3，线圈L_2还是N极，线圈L_3成为S极，电枢在磁场磁铁的作用下不断产生顺时针方向的转矩。

电枢旋转到图2.3（d）所示的位置时，刚好是最初的图2.3（a）所示位置旋转120°的位置，相当于：

·线圈L_1 → 线圈L_3

·线圈L_2 → 线圈L_1

·线圈L_3 → 线圈L_2

图2.3（a）和图2.3（d）是完全相同的状态。

有刷直流电机重复图2.3（a）~（d），持续旋转。根据电枢的旋转，换向器和

专栏　安培右手螺旋定则

导体中流过电流时，它的周围会产生磁动势。发现电流方向和磁动势方向的关系的是安培（法国）。

安培右手螺旋定则如图2.A所示。电流方向为右螺钉的前进方向时，电流周围产生的磁场的方向，与螺纹的旋转方向一致。

在这个磁场中放入软铁片，会产生图示的N-S极。

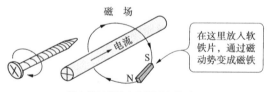

图2.A　安培右手螺旋定则

碳刷切换电枢线圈的电流。

有刷直流电机是一种能效高、启动转矩大的低成本电机。但是，换向器—碳刷的机械接点会产生噪声、产生灰尘，碳刷磨损使得其寿命短，这些都是缺点。

为了解决有刷直流电机的这个缺点，以半导体开关替代机械接点，就形成了无刷直流电机。

2.4　有刷直流电机是发电机

以图2.3（a）所示的有刷直流电机为例，对电源端子施加电压时，电流流入，转子会旋转。若从外部对完全相同的电机转子施加力，让其旋转，则如图2.5所示，电源端子上出现电动势。

若让其按图2.3（a）所示的方向旋转，则产生刚好与电池电压方向相反的电动势。线圈L_1、L_2、L_3都会产生这种电动势，但随着碳刷的工作，实际产生电流的只有线圈L_1。

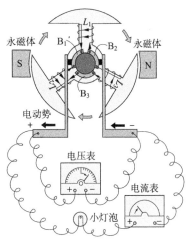

图 2.5　有刷直流电机是发电机
旋转电枢时，线圈产生电动势

这时，按图2.5所示在电源端子上并联电压表与小灯泡，小灯泡会微微发亮——电能不足，不算太明亮。

为了弄清这个现象，制作图2.6所示的系统，测量电机的转速和电动势、流入小灯泡的电流。

图2.6所示的是市售的用于模型制作的带齿轮箱的电机（田宫），上面安装了旋转用的把手。电机必须

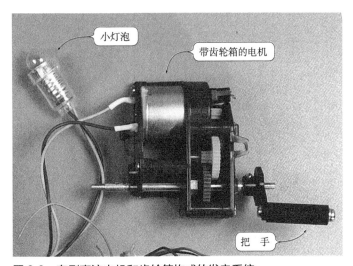

图 2.6　有刷直流电机和齿轮箱构成的发电系统

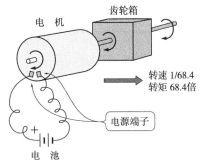

图 2.7　齿轮箱的作用

以较高的速度旋转，否则就无法得到足够的发电电压，所以这里使用了齿轮箱（图2.7）。

通常，齿轮箱的作用是降低电机的转速，确保驱动机械系统得到所需的转矩。若齿轮箱的减速比为1∶68.4，则电机的转速降至1/68.4，输出转矩增至68.4倍。

这次的实验恰恰相反，齿轮箱是用来提高电机转速的。齿轮箱的输出轴每旋转1周，电机旋转68.4周。

按图2.5接线，测量电机的转速和电动势及小灯泡的电流。将这些测量数据通过串行接口传送到PC上，图表化后如图2.8所示。

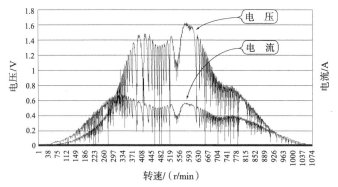

图 2.8　电机作为发电机工作时的特性

可见，在转速上升的同时，电压、电流以及小灯泡的功耗在增大。

"这张图表有点奇怪！"最初拿到这张图表时，笔者也有过这样的疑惑。根据欧姆定律，电机的电动势V（V）和流入小灯泡的电流I（A）之间应该存在如下比例关系：

$$V = R \times I$$

式中，R为小灯泡的电阻（Ω）。

而在图2.8中，起初电流值有超越电压值的趋势，到中段时开始逆转。这是测量误差，还是程序漏洞？这个疑问困扰了笔者一天。

但是，笔者最终明白了，这是正确的数据。小灯泡的灯丝使用的钨具有很大的温度系数。起初，低温时的灯丝电阻值小，会流过大量的冲击电流。随着灯丝温度升高，小灯泡开始发光的同时，灯丝电阻值变大，电流降至额定值。

专栏 **线圈的磁动势**

　　将安培右手螺旋定则用于实际的线圈，如图2.B所示。

　　用右手握住螺旋线圈，电流按四指指向流动时，大拇指指向N极。

　　这是用来直观记忆流入线圈的电流的方向和磁极的关系的好方法。试试用这个方法来确认图2.4中电枢形成的磁极的极性。

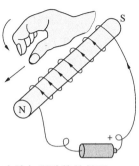

右手如图弯曲，电流按四指指向流动时，大拇指所指的方向为磁场N极。

图2.B　线圈的电流与磁动势的关系

2.5　电机的启动电流和额定电流

　　至此，已经说明了有刷直流电机具备发电机的功能。其实，不光是根据使用方法可以使电机变为发电机，旋转中的电机，同时也是发电机。

　　图2.9是相关的说明。首先，在图2.9（a）中，设线圈L_1的直流电阻$R=0.3\,\Omega$，电池电压$=2.5V$，则流入线圈的电流为

$$I=2.5V/0.3\,\Omega$$
$$\approx 8.33A$$

这就是这个电机的启动电流。

　　在稳定状态下连续旋转时，电机中流过的标准电流称为额定电流。这个电机的额定电流为1.2A，启动电流是额定电流的7倍。通过这样的大电流，电机产生启动转矩，转子克服静止摩擦并开始旋转。

　　启动电流是有刷直流电机大启动转矩的来源。但是，若一直以这样的大电流运转，电机的电枢就会因为过热而烧坏。启动电流为8.33A时，如果电池电压未下降，则电机的功耗为

$$P=2.5V \times 8.33A$$
$$\approx 20.8W$$

会产生大量的热。

　　电机旋转时，如图2.9（b）所示，电机开始起到发电机的作用。设当前电枢旋转生成的电动势为2.0V，该电动势与电池电压相抗衡，流入线圈L_1的电流为

$$I=（2.5V-2.0V）/0.3\,\Omega$$
$$\approx 1.67A$$

也就是说，旋转中的电机在以电机和发电机的双重状态在工作。

普通电机不支持以启动电流持续运转，否则线圈就会烧掉。若将电机轴锁死，使其处于无法旋转的状态，持续流入启动电流，电机（或驱动电路）就会冒烟，或者起火。

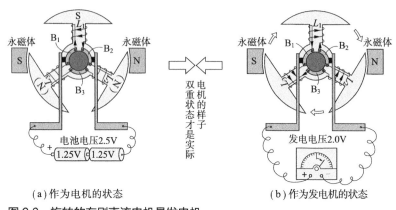

（a）作为电机的状态　　　（b）作为发电机的状态

图2.9 旋转的有刷直流电机是发电机

2.6 电机即发电机的应用——电机制动器

下面介绍一种电机即发电机的应用。图2.10展示了电机的全桥驱动器IC TA8428K（东芝），虽然外形较小，但能得到最大1.5A的驱动电流。

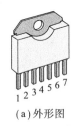

引脚编号	引脚符号	引脚说明
1	IN1	输出状态控制引脚，内含 PNP 型电压转换器
2	IN2	
3	OUTA	直流电机驱动引脚，灌电流和拉电流都有 1.5A 的容量。另外，VCC 侧和 GND 侧内置有吸收电机反电动势的二极管。
4	GND	接地引脚
5	OUT$\overline{\text{A}}$	另一个直流电机驱动引脚，具有 OUTA 针同样的机能
6	N.C	空脚
7	VCC	电源引脚

（a）外形图　　　　　　　　　　　　（b）引脚功能

图2.10 全桥驱动器 IC TA8428K（东芝）[1]

这种IC主要用于直流电机的驱动控制。图2.11是TA8428K的内部等效电路和电机接线示例。如表2.1所示，通过控制输入（IN1、IN2），驱动晶体管（$Q_1 \sim Q_4$）的开关来控制电机的启停、正反转。

例如，当IN1＝0、IN2＝1时，Q_1＝OFF、Q_2＝ON、Q_3＝ON、Q_4＝OFF，电机正转；当IN1＝1、IN2＝0时，电机中流入反向电流，电机反转。

那么，停止与制动有着什么不同？停止时，4个晶体管（$Q_1 \sim Q_4$）全部变为OFF。

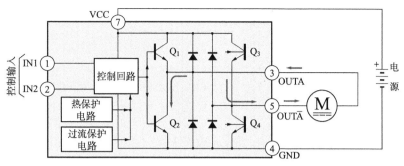

图 2.11　全桥驱动器 IC TA8428K 的内部等效电路和电机的全桥驱动电路[1]

表 2.1　全桥驱动器 IC TA8428K 的控制输入和驱动输出[1]

控制输入		驱动晶体管				驱动输出		电机的动作模式
IN1	IN2	Q_1	Q_2	Q_3	Q_4	OUTA	OUT$\overline{A}$	
1	1	OFF	ON	OFF	ON	L	L	制动
0	1	OFF	ON	ON	OFF	L	H	正 / 反转
1	0	ON	OFF	OFF	ON	H	L	反 / 正转
0	0	OFF	OFF	OFF	OFF	高阻抗		停止

但是，制动时，Q_2 和 Q_4 为 ON。要对高速旋转的电机实施制动，就要使 Q_1 = OFF、Q_2 = ON、Q_3 = OFF、Q_4 = ON，电机的电枢线圈被 Q_2、Q_4 短路。

电机的电枢靠惯性持续旋转，进而电机的电枢两端产生电动势。由于电枢线圈处于短路状态，所以会产生较大的短路电流。

这种短路电流会形成抑制电枢旋转的磁场，使电机处于制动状态。

这种制动力的大小与转速成比例，对于机械系统是柔和制动，起到高速旋转时变强，低速旋转时变弱的制动作用。

就像汽车在下坡路段行驶时采用的发动机制动，这种制动称为电机制动。

如果手头有直流电机，可以简单地确认电机制动效果。按图 2.12 连接电机和电池，开关接通 A 点时，电机开始高速旋转。

现在，使开关切换到 B 点，电机断电，短时间内电机能靠惯性继续旋转。

那么，将开关从 A 点直接切换到 C 点会怎样？高速旋转的电机应该会突然停止。这时，电机余下的旋转机械能会快速转换为电能和焦耳热。

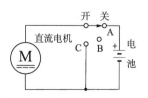

图 2.12　确认电机制动效果

专栏 电机的力——转矩

电机是将电能转换为旋转机械能的装置。

假设电压为E（V）、电流为I（A），电机的功耗P_0（W）可通过下式求得：

$$P_0 = E \times I$$

另外，电机的机械能（输出）P_1（W）表示为

$$P_1 = 2\pi \times n \times T$$

式中，π为圆周率；n为电机的转速（r/s）；T为转矩。

在力学中，力的大小用N（牛顿）、kgf（千克力）、gf（克力）等单位表示。

旋转力的大小用转矩表示，如图2.C（b）所示，是力F（N）与旋转的臂长l（m）的乘积。

如图2.C（a）所示，如果通过旋转球棒来比力气，握住粗头的人比较有利。如果两人的腕力相同，一定是握粗头的人获胜。假设两人的力（N）相同，转矩（旋转力）与旋转的臂长（这里是球棒的半径）成比例。

使用转矩表示电机的机械能（做功量）：

$$P_1（W）= 2\pi \times n \times T \tag{2.A}$$

式中，n为转速（r/s）；T为转矩（N·m）。

$$P_1（W）= 1.027 \times N \times T \tag{2.B}$$

式中，N为转速（r/min）；T为转矩（kgf·m）。

使用齿轮箱将电机转速变为1/10时，假设没有摩擦引起的能量损耗，转矩变为10倍。因此，根据式（2.A），机械能不变。

式（2.A）和式（2.B）中的系数不同，是因为转速和转矩的单位不同。作为转矩的单位，常使用N·m、kgf·m，小型电机则会使用gf·cm。

(a) 拿着球棒比力气，握粗头的人有利

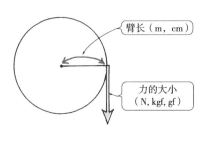

(b) 旋转力表示为"力×臂长"

臂长（m，cm）

力的大小（N，kgf，gf）

图2.C 转矩＝力 × 臂长

2.7　再生制动是应用于 EV 的重要技术

有这样的制动器，不把电机的旋转能量转化为焦耳热消耗掉，而是重新转化为电能。

这便是将电机发电产生的电能存储到电池中的再生制动技术，以前用于直流驱动方式的铁路，现在广泛用于电动自行车、大型电梯、混合动力车、电动汽车。

现在的混合动力车、电动汽车的驱动系统中使用的不是有刷直流电机，利用再生制动发电产生的电能对电池充电。混合动力车、电动汽车的能源经济性之所以如此出类拔萃，正是因为使用了这种再生制动。

2.8　直流电机专用的 FET 全桥驱动器 IC VNH3SP30–E

图2.13是开头介绍的稻鸭机器人的电机驱动电路，由连接器J_{17}提供24V电池电源，全桥驱动器通过J_{18}及J_{20}接有刷直流电机。

全桥驱动器IC VNH3SP30-E（ST）中使用了图2.14所示的电力MOSFET驱动电路，驱动电流可达30A。

内置全桥驱动电路中使用了4个FET及所需的升压型稳压器，可以实现最高10kHz的PWM（Pulse Width Modulation，脉冲宽度调制）控制。此外，内置的还有热保护器、限流电路等。

电源电压的最大额定规格为40V。采用24V电源、最大电流30A的情况下，可以驱动720W电机。

有刷直流电机有以下特点：

· 结构简单，容易降低成本

· 可以获得较大的启动转矩

· 寿命较短

基于这些特点，现在多用于以下用途：

· 重视成本的民用家电产品

· 电动车窗、雨刮器等汽车的致动器

· 重视成本的玩具驱动机构

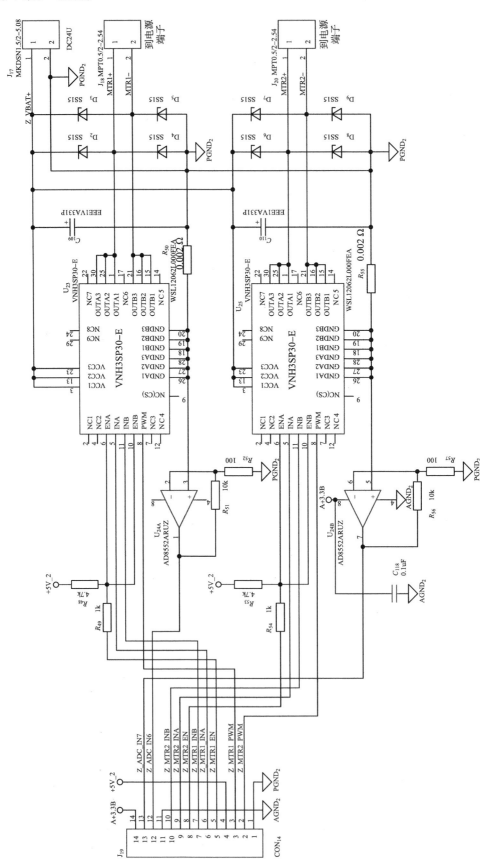

图 2.13 稻鸭机器人的电机驱动电路

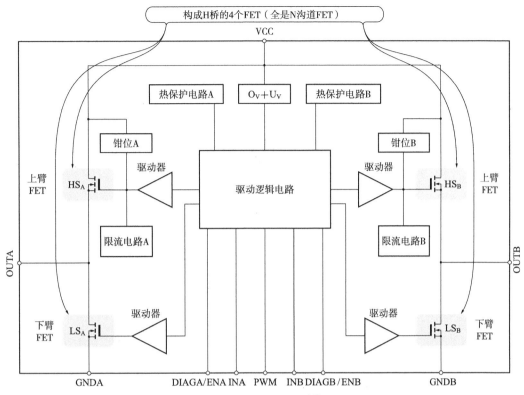

图2.14　全桥驱动器 IC VNH3SP30-E（ST）的等效电路[2]

专栏　**弗莱明的左手定则和右手定则**

上面说过，直流电机同时也是发电机，英国的物理学家弗莱明对此进行了定义。

·弗莱明左手定则（电机原理）

·弗莱明右手定则（发电机原理）

● **左手定则**

左手的拇指、食指、中指按图2.D呈直角打开，电流I流入磁场中的导体L时：

　　·食指指向磁场的方向

　　·中指指向电流的流向

　　·拇指指向作用于导体的力的方向

　　力F（N）可以表示为

$$F = B \cdot I \cdot L$$

式中，B为磁通密度（Wb/m^2）；I为电流（A）；L为导体长度（m）。

图2.D　弗莱明左手定则

● 右手定则

右手的拇指、食指、中指按图2.E呈直角打开，快速移动磁场中的导体 L 时：

- · 食指指向磁场的方向
- · 拇指指向导体的移动方向
- · 中指指向导体产生的感应电动势的方向

感应电动势 E（V）可以表示为

$$E = B \cdot L \cdot V$$

式中，B 为磁通密度（Wb/m^2）；L 为导体的长度（m）；V 为导体的移动速度（m/s）。

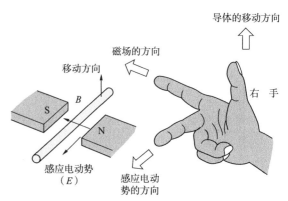

图2.E　弗莱明右手定则

附录　步进电机的工作原理和特点

上面讲解了日常广泛使用的有刷直流电机，而有定位精度要求的应用中常使用步进电机。下面简单说明步进电机的原理。

● 理解步进电机的工作原理

步进电机的工作原理如图2.F所示。每输入一个控制脉冲，电机就会按照既定的角度旋转一步。这个角度叫做步进角。图2.G是小型步进电机示例。

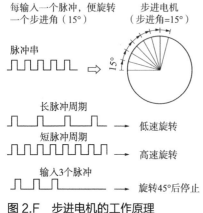

图2.F　步进电机的工作原理

图2.G　小型步进电机

步进角取决于电机的结构和驱动方式，从7.5°、15°到90°，有各种各样的角度。步进电机完全是随着脉冲输入旋转的。

输入脉冲的周期长，电机就转得慢；周期短，就转得快。如果只输入3个脉冲（步进角为15°），电机旋转45°便会停止。

$$旋转角 = 步进角 \times 脉冲数$$
$$= 15° \times 3$$
$$= 45°$$

这样，步进电机转子的转速和位置完全由输入脉冲控制。因此，步进电机又称为脉冲电机。

当然，如果施加了超过电机驱动能力的大转矩或高速脉冲，步进电机就不会按一脉冲一步的关系工作了。这叫做失步。

静止的空载步进电机，在没有失步的情况下能够启动的最大输入频率称为最大自启动频率。

已启动的电机，在没有失步的情况下能够连续旋转的最大输入频率称为最大连续响应频率。

● **步进电机的种类**

根据结构，步进电机可分为以下几类：

· PM（Permanent Magnet，永磁）式

· VR（Variable Reluctance，可变磁阻）式

· HB（Hybrid，混合）式

PM式如图2.H（a）所示，由永磁体转子和绕有励磁线圈的定子（磁场）构成。定子由以90°间隔配置的4个线圈$L_1 \sim L_4$构成。在图示状态下，驱动信号Φ_2激发电流流过L_2，定子铁芯为N极，转子的N极、S极分别受到排斥力和吸引力，转子按顺时针方向旋转（步进移动）。

如果线圈端子$\Phi_1 \sim \Phi_4$通过驱动信号$\Phi_1 \sim \Phi_4$按顺序驱动，转子就会连续旋转。

PM式转子使用的是永磁体，所以即使驱动输入完全关断，也具有保持最后状态的力（转矩）。因此，静止时不需要流过保持电流。

为了减小PM式电机的步进角，需要将转子做成多极结构，电机结构会变复杂。

VR式如图2.H（b）所示，是由高磁导率材料加工成的齿轮状转子，和加工成内齿轮状的铁芯上绕有线圈的定子（磁场）构成的。转子齿轮节距和定子齿轮节距不同，图中的转子节距为45°，定子节距为30°。

转子处于当前图示位置时，驱动信号Φ_2激发电流流向L_2，定子为N极。另外，L_2对面的L_2'中流过电流，成为S极。

线圈L_2、L_2'产生的磁动势，形成以粗线表示的磁路。转子是用易通过磁通量、

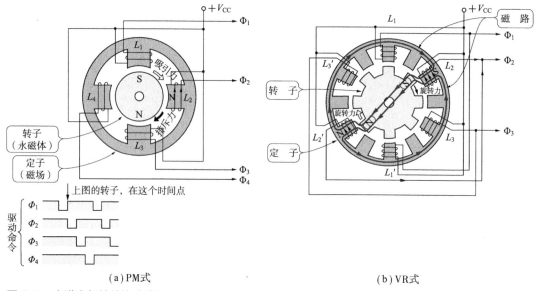

图 2.H 步进电机按结构分类

易磁化的高磁导率材料制成的，所以形成了最短磁路。

其结果是，线圈 L_2、L_2' 对应的转子部分产生图示的磁极，进而产生箭头方向的力（转矩），作用于转子。

VR 式不使用永磁体，理论上步进角可以小到齿轮的加工极限。另外，因为不使用永磁体，所以适合制成大型电机。

但是，正是因为 VR 式不使用永磁体，所以当所有驱动信号关断时，转子的保持转矩会消失。因此，对于电机空转有困难的应用，静止时也要向驱动线圈持续提供保持电流。

HB 式拥有 PM 式和 VR 式两种结构的特点，同时具备：

· PM 式的静止保持转矩

· VR 式的微小步进角和大转矩

参考文献

［1］東芝.TA8428K データシート.

［2］ST マイクロエレクトロニクス.VNH3SP30-E データシート.

第3章 无刷直流电机的特征和工作原理

—— 节能、长寿命、高可靠性

〔日〕江崎雅康

本书的主题是无刷直流电机的矢量控制。本章将汇总并讲解作为致动器的无刷直流电机的特征和工作原理。

3.1 长寿命、无噪声、无尘的无刷直流电机

正如上一章介绍的，有刷直流电机是一种结构简单、转矩大的电机。可是，它采用机械接点（碳刷）切换电枢的电流，存在寿命短、（金属片）易产生灰尘的缺点。

在无刷直流电机上，有刷直流电机的碳刷（换向器）被替换成了晶体管及FET等电子开关，有利于长寿命化、无尘化。

基于此，无刷直流电机常用于磁盘驱动器（图3.1）、硬盘驱动器、CD/DVD/蓝

图3.1 用于5英寸磁盘驱动器的直驱无刷直流电机（20世纪90年代PC用）

光驱动器、办公设备的旋转轴、风扇等的驱动。

无刷直流电机需要检测转子位置的霍尔元件，切换励磁电流用的电子开关，时序控制电路。

当然，与有刷直流电机相比，成本会提高。然而，即便成本有所提高，要求长寿命、高可靠性的办公设备仍然采用无刷直流电机。

3.2 高能效的无刷直流电机得以实现

图3.2是笔者执笔本书时在某家电大卖场发现的电风扇新产品。东日本大地震之后，节电成了全人类最重要的课题之一。围绕着核电站的重启，舆论一分为二，当节电和计划停电成为社会大问题时，"耗电量约1/3"这个广告语最引人注意。

在家电大卖场的电风扇展厅，摆放着老款的搭载交流感应电机（参见附录）的低价商品，和采用无刷直流电机的价格在6000～30 000日元的节能商品。

洗衣机、吸尘器、电风扇、空调、泵、冰箱等大多数产品都使用交流感应电机。现在，空调、滚筒洗衣机、大型冰箱等正在发生变化，从交流感应电机变成无刷直流电机。电机是支撑功能家电产品的战略技术。

这都是因为无刷直流电机的小体积、大转矩、高能效，以及良好控制性。

图 3.2　在家电大卖场发现的采用无刷直流电机的电风扇

专栏　**【笔者体验】直流驱动超小型回转式压缩机的小型高效无刷直流电机的开发**

对于无刷直流电机，笔者有着令人怀念的回忆。那是20年前，笔者所属的电机厂商为日本的委托事业开发了"颈髓损伤者用体温自动调节器"。

这是为颈髓损伤等体温调节机能存在障碍的身体障碍人士回归社会而开发的便携式空调服。存在体温调节机能障碍的人士，在炎热的夏天外出时会因体温升高而无法维持生命，因此无法离开空调房。

"颈髓损伤者用体温自动调节器"如图3.A所示，是可以安装在颈髓损伤障碍人士的轮椅上的便携式空调服。它的目标性能指标如下：

· 包括空调压缩机和电池在内，总质量不超10kg

· 电池续航时间在2h以上

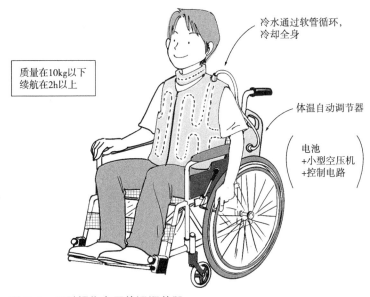

图3.A　颈髓损伤者用体温调节器

通俗地说，这是总质量在10kg以下的便携式空调装置。这个空调装置形成的冷水在空调服的树脂软管中循环，对人体进行冷却。

技术开发的关键在于高功率小型压缩机的开发。10kg的总质量中，需要包含下列所有东西的质量：

· 电池（镍镉电池）

· 小型压缩机

· 控制电路

其中尤为关键的是用电池直流电源可以维持2h运转的小型回转式压缩机的开发。当时，用于冰箱等的交流感应电机无法使用。

于是，三相无刷直流电机的开发成了课题。入手的无刷直流电机的能效都不到30%，剩下的70%去了哪里？笔者开始冥思苦想。

从电机线圈的铜损、开关元件的损耗、磁场的涡流损耗，到转子的风损，项目达10个以上。笔者考虑将各种损耗压缩至极限，并实施了相关方案。

笔者决定采用小型且强力的钕磁体，采用刚上市的电力MOS FET取代以前的达林顿晶体管。最终，效率达到83%，在当时是高效率了。两位负责人不由得开心地跳起来了。

这项技术关系着20年后电动汽车及高级家电产品的战略技术等，是那时做梦也没想到的。

3.3　无刷直流电机是电动汽车的战略技术支撑

"稀有金属的进口限制恐怕会对电动汽车及混合动力车产生深远影响"，笔者对这则报道记忆犹新。

电动汽车和混合动力车上都使用了无刷直流电机。这种无刷直流电机采用含稀有金属钕（Nd）的永磁体，实现了电机的小型化和高效率化。

钕是原子序数为60的稀土类元素，钕、铁、硼的化合物（$Nd_2Fe_{14}B$）具有超强力永磁体的特性。

电机能效是左右电动汽车的基本性能的关键要素，充电1次可行驶的公里数是电动汽车的基本指标。此外，从电能的有效应用方面来看，电机的能效也很重要。

加上小型、轻量、大转矩，即便只是为了开发能效稍好些的电机，也引起了激烈的竞争。

3.4　无刷直流电机的结构

无刷直流电机一般由图3.3所示的永磁体转子和由线圈形成的磁场构成。对于碳刷（换向器）型小型直流电机，多数是磁场为永磁体，转子（电枢）为线圈。无刷直流电机刚好相反。

无刷直流电机根据转子的旋转，通过半导体开关进行线圈电流的切换，这样更方便。

图3.3所示的转子是N-S的2极结构。也有4极、6极、8极等旋转更平滑的类型，

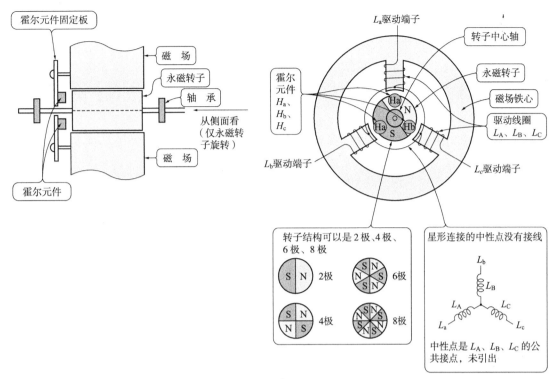

图 3.3　无刷电机的结构（三相星形连接双极性驱动）

但结构会变得复杂。

无刷直流电机的励磁线圈，一般是图3.3所示的三相，直流电风扇等重视成本的应用也有使用两相的。无刷直流电机采用半导体开关切换线圈电流，所以驱动电路会随相数成比例增加。

三相的情况如图3.3所示，励磁线圈L_A、L_B、L_C按120°间隔设置。图3.3所示的电机采用星形连接，进行双极性驱动（参照图3.4）。

星形连接的三相电机中，线圈L_A、L_B、L_C的一端作为中性点结成一点,另一端作为驱动端子L_a、L_b、L_c，通过晶体管及FET等接驱动电路。

由各驱动端子提供的驱动电流，在中性点汇流——总和为不断变化的 ± 0A。

铁心构成励磁线圈产生的磁通的磁路。它采用高磁导率的硅钢板叠层而成，可以抑制涡流，降低铁损。

由图3.3可见，线圈和线圈之间存在着很大的空隙，在实际电机中会缠绕更多驱动线圈。

电机的转矩（旋转力）与磁场的磁通密度成比例。另外，磁通密度与驱动线圈的安匝数（AT），也就是与驱动电流×匝数成比例。

为了在有限的铁心空间内增大安匝数，需要想办法。用细线看似不错，但线圈电阻会增大：

　　　　电阻损耗＝线圈电阻×电流

这会导致发热，导致电机效率低下。

　　霍尔元件H_a、H_b、H_c是检测转子磁极位置的传感器。

　　有刷直流电机的碳刷和转子（电枢）为一体化结构，通过转子的旋转进行电枢电流的切换。

　　无刷直流电机用霍尔元件检测转子的位置，通过FET等电子开关切换驱动线圈的电流。正因如此，无刷直流电机又称为霍尔电机。

专栏 霍尔效应和霍尔元件

　　电流流过磁场中的半导体时，如图3.B所示，会在与电流呈直角的方向上产生电压（霍尔电压）。这个现象叫做霍尔效应。

　　霍尔元件是利用霍尔效应的磁性检测元件。霍尔元件采用InSb（锑化铟）和GaAs（砷化镓）等制成。

　　根据弗莱明右手定则，线圈可通过磁场变化产生电动势。利用这个原理，线圈可以用作检测磁场变化的传感器。

　　但是，线圈即便可以检测变化，也没有检测磁场本身的功能。无论将线圈放在多么强的磁场中，没有变化就不会产生电动势。

　　霍尔元件如图3.C所示，会根据磁场的强弱产生霍尔电压。为了检测无刷直流电机的转子位置，所以使用霍尔元件。

　　除了用于无刷直流电机，霍尔元件也用于高斯计等的磁力检测。

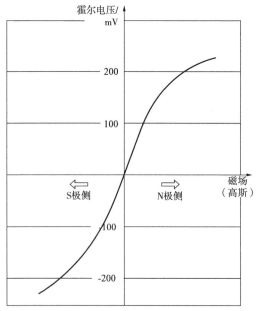

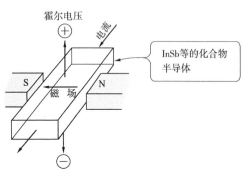

图 3.B　霍尔效应引起的霍尔电动势　　　　图 3.C　用于无刷直流电机的霍尔元件的特性曲线

3.5　无刷直流电机的驱动方式

无刷直流电机，根据驱动线圈的数量（相数），被分为两相、三相。线圈的驱动方式、接线方式也有好几种。

图3.5展示了具有三相驱动线圈的电机的驱动方式。其中，图3.5（c）是单极性驱动。驱动线圈L_A、L_B、L_C的一端接$+V_{CC}$，各线圈的驱动电流由晶体管开关切换。由于施加到各线圈的电压都是相同的极性，所以称为单极性驱动。

单极性驱动的特点是驱动电路简单，容易做到低成本化。但是，电机的转矩、旋转平滑度比不上双极性驱动。

图3.5（a）和（b）是双极性驱动，驱动线圈由各上臂（电源侧）、下臂（接地侧）的2个晶体管驱动。

在双极性驱动方式下，电机线圈的接线方式有两种：图3.5（a）所示的星形连接和图3.5（b）所示的三角形连接。在线圈的线径、匝数相同的情况下，三角形连接方式的电流更大，适用于大转矩设计。图3.3所示的电机采用的便是星形连接。

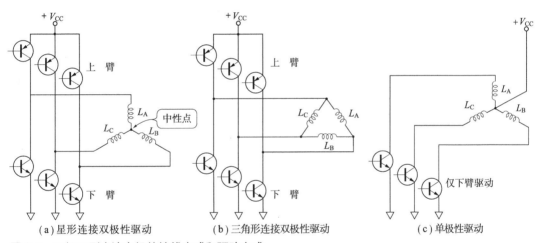

（a）星形连接双极性驱动　　　　（b）三角形连接双极性驱动　　　　（c）单极性驱动

图 3.5　三相无刷直流电机的接线方式和驱动方式

3.6　无刷直流电机的驱动电路

具备换向器的有刷直流电机，只要连接电源就可以旋转。但是，无刷直流电机若没有控制电路，就不会旋转。控制电路由以下电路构成：

· 霍尔元件驱动电路

· 霍尔电压放大电路

· 三相逻辑电路

· 驱动电路

此前也有过采用分立元器件设计的时代，后来慢慢转变为使用专用IC。

图3.6是无刷直流电机控制IC TA7745P（东芝）的外观和内部方框图。这个系列的IC已经有很长的应用历史了，目前TA7745PG（DIP）已停产，新产品为A7745PG（SOP）。

稍后介绍的无传感器驱动IC、正弦波驱动IC是当前的主流。另外，使用微控制器进行高级控制的方式也很常见。

TA7745是集成了无刷直流电机驱动电路的单芯片：

·通过霍尔元件检测转子位置

·方波驱动

虽然是以前的IC，但是用于说明无刷直流电机驱动电路的基本结构正适合。这是笔者在"采用钕铁硼永磁体的微型压缩机"等多个设计案例中使用过的熟悉的IC。表3.1显示了TA7745的电气特性。

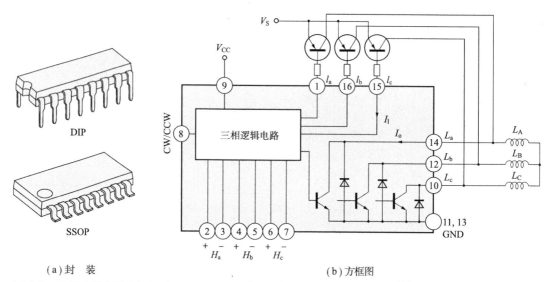

（a）封　装　　　　　　　　　　　　（b）方框图

图 3.6　三相无刷直流电机驱动 IC TA7745P（东芝）的外观和内部方框图[1]

表 3.1　三相无刷直流电机驱动 IC TA7745P 的电气特性（T_a=25℃）[1]

项　目		符　号	测量条件	最小值	典型值	最大值	单　位
电源电压		I_{CC1}	V_{CC}=5V，开路输出	0.5	1	3	mA
		I_{CC2}	V_{CC}=9V，开路输出	0.6	1.3	3.5	
		I_{CC3}	V_{CC}=12V，开路输出	0.7	1.5	5	
饱和电压	L_a，L_b，L_c	V_{SL-1}	I_O=0.1A	—	0.12	0.3	V
		V_{SL-2}	I_O=0.5A	—	0.5	1	
	l_a，l_b，l_c	V_{SU}	I_1=1.0mA	—	—	0.2	
位置检测电路	精　度	V_H		—	20	—	mV$_{p-p}$
	同相电压范围	CMR–H		1	—	V_{CC}-1.5	V

续表 3.1

项　目		符　号	测量条件	最小值	典型值	最大值	单　位
二极管正向电压		V_F	$I_F = 1A$	—	2	—	V
旋转控制输入电压	正　转	V_{FWD}	拉电流模式	3.9	—	VCC	V
	停　止	V_{STOP}	无电流	1.8	—	2.6	
	反　转	V_{RVS}	灌电流模式	0	—	0.9	
饱和电压差（L_a、L_b、L_c）		ΔV_S	$I_O = 200mA$	—	—	50	mV
漏电流		I_L	$V = 18V$	—	—	50	μA

* 8 脚开路时也会变为停止模式。

如图 3.6 所示的内部方框图，霍尔电压放大电路、三相逻辑电路和下臂驱动电路（最大 1A）都集成在单芯片里。进行单极性驱动时，如图 3.7 所示，可以直接接电机。

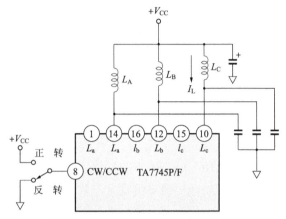

图 3.7　无刷直流电机驱动 IC TA7745P 的单极性驱动电路

需要进行双极性驱动时，如图 3.6 所示，在正极侧的上臂追加驱动用 PNP 晶体管。

图 3.8 是笔者设计的采用 TA7745P 的无刷直流电机驱动电路。各霍尔元件需要流过恒定的电流，3 个元件并联，通过 2 个限流电阻（680Ω）模拟恒定电流驱动。

各霍尔元件 H_a、H_b、H_c 的霍尔电压输出接 TA7745P 的 H_a^+、H_a^-，H_b^+、H_b^-，H_c^+、H_c^- 端子。无论哪一组，都是存在 20mV 滞后的差动放大电路。

各霍尔元件输出端之间设置的 0.01μF 电容器，用于滤除霍尔元件的噪声及电源噪声。

CW/CCW 是控制电机正反转及停止的信号输入端。根据控制输入的电压：

· 正转　　　　$V_{CC} \sim 3.9V$

· 停止　　　　$2.6 \sim 1.8V$

· 反转　　　　$0.9 \sim 0.0V$

输入端悬空时，变为停止状态。

下臂的驱动输出可以达到最大 1A 的电流，所以直接接电机的驱动线圈。上臂由电阻内置型晶体管 2SA1529 驱动。

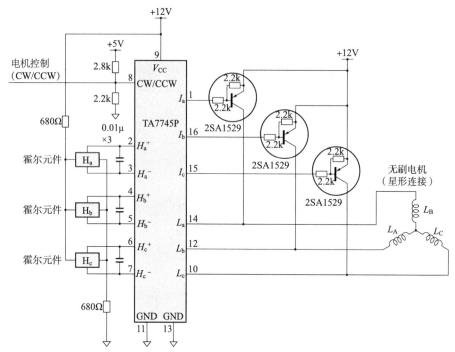

图 3.8　使用 TA7745P 的无刷直流电机驱动电路

　　表 3.2 为三相无刷直流电机驱动 IC TA7745P 的功能表——将 8 脚（CW/CCW）分别设置为反转、正转、停止时，各霍尔元件信号输入和线圈驱动输出的关系的真值表。

　　以此为基础，适用于图 3.8 所示电路的脉冲波形如图 3.9 所示。霍尔元件输出信号 H_a^+、H_b^+、H_c^+ 是近似正弦波的波形。霍尔元件处于 N 极时为正弦波的正峰，在 S 极时为负峰。

　　转子处于图 3.10（a）所示的位置时，霍尔元件 H_a 在 N 极和 S 极之间的中和点。在图 3.9 中，当转子位置处于（a）处时，霍尔元件 H_a 的输出信号处于零点。

　　相对于图 3.9 所示的霍尔元件信号输入，TA7745P 输出线圈控制信号 L_a^-、L_b^-、L_c^-，l_a^+、l_b^+、l_c^+。这些信号由图 3.6 所示内部方框图中的三相逻辑电路形成。

　　若将图 3.10 所示的无刷直流电机接到图 3.8 所示的电路，则各线圈的波形变为图 3.9 所示的 L_a、L_b、L_c。

　　线圈驱动波形 L_a、L_b、L_c 的粗线部分，表示的是线圈由上臂或下臂驱动电路驱动的时间。

　　除此以外的时间，线圈处于未受驱动的状态，线圈中出现磁性转子产生的感应电压。

　　图 3.9 中的转子位置（a）~（g）与图 3.10（a）~（g）所示的无刷直流电机的工作原理图是对应的。

　　首先，转子处于图 3.10（a）所示的位置时，图 3.9 所示脉冲波形图中各线圈的驱

表 3.2[1]　三相无刷直流电机驱动 IC TA7745P 的功能

FRS	霍尔元件信号			线圈驱动输出		
	H_a^+	H_b^+	H_b^+	L_a	L_b	L_c
反转 V_{RVS}	1	0	1	H	L	M
	1	0	0	H	M	L
	1	1	0	M	H	L
	0	1	0	L	H	M
	0	1	1	L	M	H
	0	0	1	M	L	H
正转 V_{FWD}	1	0	1	L	H	M
	1	0	0	L	M	H
	1	1	0	M	L	H
	0	1	0	H	L	M
	0	1	1	H	M	L
	0	0	1	M	H	L
停止 V_{STOP}	1	0	1	高阻抗		
	1	0	0			
	1	1	0			
	0	1	0			
	0	1	1			
	0	0	1			

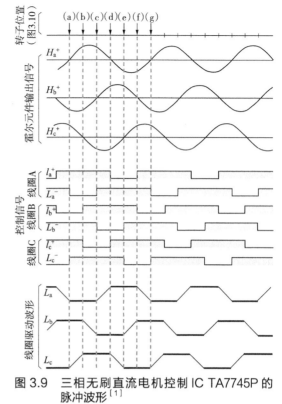

图 3.9　三相无刷直流电机控制 IC TA7745P 的脉冲波形[1]

动信号为

$$L_a = GND$$

$$L_b = +V_{CC}$$

$$L_c = NC$$

电流经过星形接点从 L_b 流到 L_a，结果是磁场的极性变为

$$L_a = S极$$

$$L_b = N极$$

转子上产生逆时针方向的转矩。

转子旋转 60° 来到图 3.10（b）所示的位置时，线圈驱动信号变为

$$L_a = GND$$

$$L_b = NC$$

$$L_c = +V_{CC}$$

结果是磁场的极性变为

$$L_a = S极$$

$$L_c = N极$$

转子继续产生逆时针方向的转矩。

同样，按照（b）→（c）→（d）→（e）→（f）→（g），随着转子旋转产生的霍尔元件信号，TA7745P控制线圈驱动，让转子不断产生逆时针方向的转矩。

图3.10（g）为转子旋转360°后的状态，与图3.10（a）所示的位置相同。

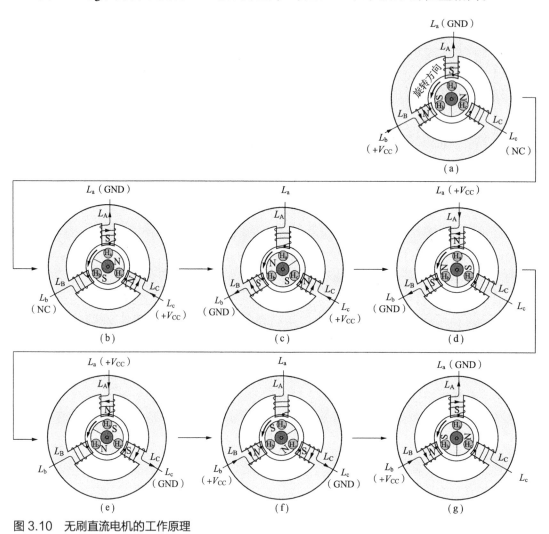

图 3.10　无刷直流电机的工作原理

3.7　无刷直流电机的无传感器、方波驱动和矢量控制

有刷直流电机和无刷直流电机的对比如图3.11所示。无刷直流电机将机械接点换成了晶体管、FET等电子开关，大幅提高了耐久性（寿命）、控制性。

随着应用领域的扩大，无刷直流电机的进化很大。图3.12是提供了很多电机驱动IC的东芝半导体与存储器公司的无刷直流电机控制器的产品路线图。

从这个路线图可以看出，无刷直流电机从霍尔元件到无传感器驱动方式，从方波

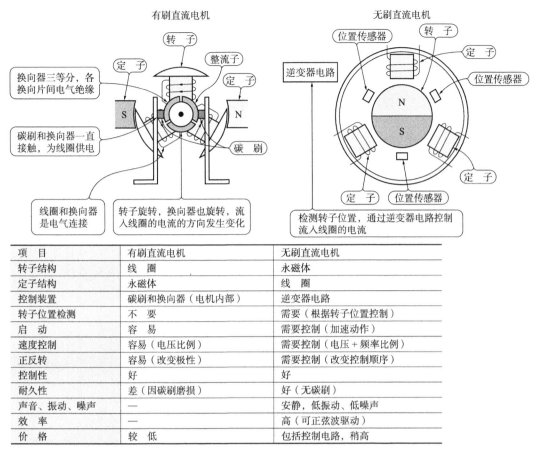

项　目	有刷直流电机	无刷直流电机
转子结构	线　圈	永磁体
定子结构	永磁体	线　圈
控制装置	碳刷和换向器（电机内部）	逆变器电路
转子位置检测	不　要	需要（根据转子位置控制）
启　动	容　易	需要控制（加速动作）
速度控制	容易（电压比例）	需要控制（电压＋频率比例）
正反转	容易（改变极性）	需要控制（改变控制顺序）
控制性	好	好
耐久性	差（因碳刷磨损）	好（无碳刷）
声音、振动、噪声	—	安静，低振动、低噪声
效　率	—	高（可正弦波驱动）
价　格	较　低	包括控制电路，稍高

图 3.11　有刷直流电机和无刷直流电机的对比

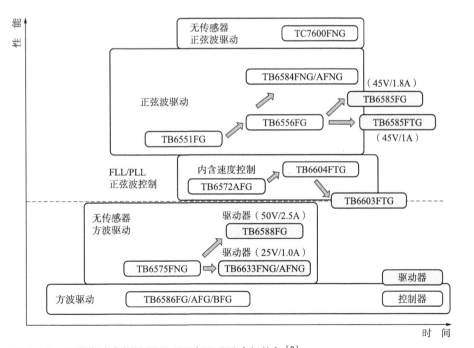

图 3.12　无刷直流电机控制器 / 驱动器系列（东芝）[2]

驱动到正弦波驱动，再到无传感器正弦波驱动方式，最后又引入矢量控制，得到了很大的进化。相关技术内容将在下一章讲解。

附录 交流感应电机的工作原理

前面介绍过，与采用传统电机的电风扇相比，采用无刷直流电机的电风扇的耗电量是其1/2 ~ 1/3。这里所说的"传统电机"就是交流感应电机。

很早以前，交流感应电机就被用于洗衣机、吸尘器、风扇、空调、泵、冰箱等，几乎所有的"旋转型家电产品"都在用。

感应电机是代表性的交流电机。如图3.D所示，在交流电流产生的旋转磁场中配置鼠笼式线圈，通过这个线圈产生的感应电流和旋转磁场的相互作用来旋转。

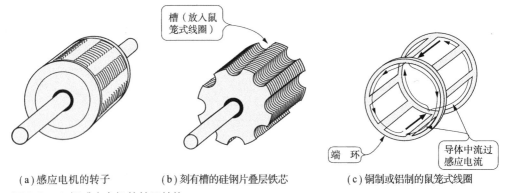

(a) 感应电机的转子　　　　(b) 刻有槽的硅钢片叠层铁芯　　　　(c) 铜制或铝制的鼠笼式线圈

图3.D　三相感应电机的转子结构

■ 阿拉戈圆盘

感应电机是运用了法国物理学家阿拉戈发现的阿拉戈圆盘原理的电机。图3.E是现代版阿拉戈圆盘。

首先，将铝圆盘对着粘贴有一对铁氧体磁铁的铁圆盘。2个圆盘的中心轴在一条直线上，但是没有相连。

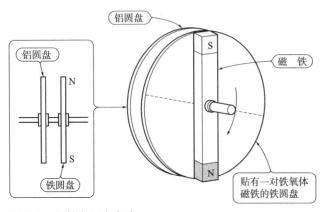

图3.E　阿拉戈圆盘实验

在此，让贴有磁铁的圆盘快速旋转，铝圆盘也开始旋转。这被称为阿拉戈圆盘现象。

铝盘换成铁盘，被磁铁吸引旋转没有什么不可思议的。但是，不会被磁铁吸引的铝圆盘随着铁氧体磁铁旋转，是不可思议的。

图3.F是笔者在某个儿童科学馆中看到的"不可思议的蛋"的示意图。在四方箱子中央有个半球形凹坑，将铝制的蛋放入这个凹坑中，蛋就会旋转。虽然没有打开箱子确认，但可以看作是阿拉戈圆盘的应用。

图 3.F　应用阿拉戈圆盘原理的不可思议的蛋

■ 三相感应电机的工作原理

如图3.G（b）所示，三相交流电是相位互成120°的正弦波电压。将三相交流电加到图3.G（a）中的线圈L_A、L_B、L_C上看看。

各线圈按120°间隔配置，刚好与三相无刷直流电机的定子（磁场）线圈是相同的结构。

无刷直流电机由方波驱动，三相感应电机则由正弦波驱动，产生更流畅的旋转磁场。这与图中磁铁旋转产生的旋转磁场相同。

接下来，在这个旋转磁场中放入图3.D所示的转子看看。这个转子由刻有槽的硅钢片叠层铁心和铁心上的鼠笼式线圈构成。

将这个转子放入旋转磁场中，鼠笼式线圈产生感应电压，进而形成感应电流。根据前面介绍的弗莱明右手定则，感应电流的方向就是图3.G（c）中的箭头方向。

转子的鼠笼式线圈不会动，磁场按顺时针方向旋转。因此，产生方向与鼠笼式线圈按逆时针方向旋转时相同的感应电压。

鼠笼式线圈是用低电阻导体（铜或铝）制成的，在图3.D（c）中产生箭头方向的大电流。

那么，根据弗莱明左手定则，电流流过磁场中的导体时，导体会受到力的作用。按图3.D（c）中的电流方向，磁场的旋转方向应为顺时针方向。

由旋转磁场产生的感应电流，然后通过这个电流和磁场的相互作用产生转矩——这就是阿拉戈圆盘和感应电机旋转的秘密。

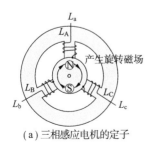

（a）三相感应电机的定子

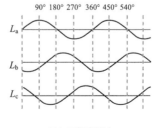

（b）三相交流电

图 3.G　三相交流电流过间隔 120° 放置的线圈 L_A、L_B、L_C，形成旋转磁场

■ 单相感应电机的情况

单相交流电无法直接形成旋转磁场，因此如图3.H所示，使用电容器移相后输入间隔90°的线圈中。

在交流电路中，电容器起到将交流波形相位前移90°的作用。单相感应电机中使用的这个电容器，叫做移相电容器。

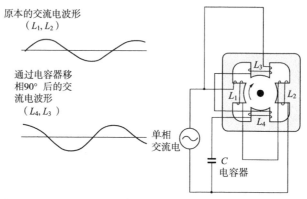

图 3.H　单相感应电机（使用电容器移相形成旋转磁场）

参考文献

［1］東芝 . TA7745P データシート .

［2］東芝 . パンフレット .

第4章 无刷直流电机驱动 方式的进化

—— 无传感器驱动、正弦波驱动

〔日〕江崎雅康

无刷直流电机常用于冰箱、滚筒式洗衣机、变频空调等家电产品，且随着应用领域的扩大不断进化。如第3章所述，其驱动方式的主要进化过程如下：

·取消霍尔元件，变为无传感器驱动方式

·从方波驱动到正弦波驱动方式

·进化为无传感器和正弦波驱动方式

·引入矢量控制

采用无传感器驱动，取消霍尔元件等，有利于苛刻条件下的无刷直流电机驱动。另外，采用图4.1所示的正弦波驱动，可改善能效，抑制电机的噪声及振动。

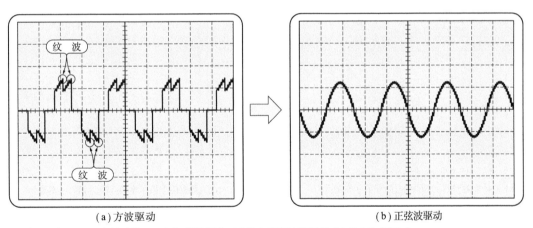

　　(a)方波驱动　　　　　　　　　　　　　　　(b)正弦波驱动

图 4.1　家用无刷直流电机驱动方式的进化（通过正弦波驱动抑制噪声和振动）

将矢量控制技术引入无传感器和正弦波驱动后，无刷直流电机表现得安静、强劲，且能源利用效率提高至极限。

本章会对无传感器驱动方式及正弦波驱动方式进行讲解。

4.1　采用无传感器驱动的理由

与以前装有换向器的有刷直流电机相比，无刷直流电机具有长寿命、无噪声、无灰尘、高可靠性等优点。

但是，无刷电机也存在下列缺点。

■ 电机接线复杂

三相无刷直流电机需要8条霍尔元件线、3条驱动端子线，合计需要11条线，如图4.2所示。与以前的换向器电机的2条线相比，实际接线变得非常复杂。

将驱动电路置入电机中可以解决这个问题。但是，电机工作环境通常是高温、高压、大噪声的，不适宜电子电路工作的环境较多，电机和控制电路间的接线不可避免。

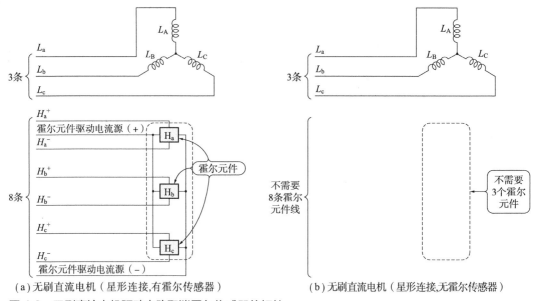

（a）无刷直流电机（星形连接，有霍尔传感器）　　（b）无刷直流电机（星形连接，无霍尔传感器）

图 4.2　无刷直流电机驱动电路取消霍尔传感器的好处

■ 霍尔元件是精密半导体

霍尔元件通过非接触方式检测位置，所以没有机械损耗，耐久性好，但是不适用于高温环境，无法在恶劣条件下使用。

高温高压环境会导致半导体霍尔元件损坏或特性劣化，因此无法用于回转式压缩机的高温高压冷媒和润滑油环境中。

另外，霍尔元件的外围电子电路还要注意噪声的影响、金属粉尘及水分引起的短路、误动作问题。

■ 小型化和组装简化有困难

无刷直流电机中有很多有精度要求的部分，如霍尔元件和磁性转子的接线，小型化或组装简化是有困难的。思考一下，如何取消安装在无刷直流电机上的霍尔元件？

霍尔元件是用于检测电机的转子位置，切换励磁的驱动线圈的电流的一种传感器，如图4.3所示。要想取消霍尔元件，就要采用另外的方法检测电机的转子位置。

如第2章所述，电机转动时，线圈就会产生感应电压（图4.4）。图4.5展示了三相逆变器的驱动电压波形和感应电压。

电机旋转期间不断产生感应电压。但是在线圈被高电平或低电平驱动的时间里，感应电压被驱动电压吸收，无法观测到波形。

在线圈的非驱动时间里，线圈处于电气浮空状态，可以读取感应电压。

无传感器驱动方式根据线圈产生的感应电压检测转子位置，进而切换线圈电流。

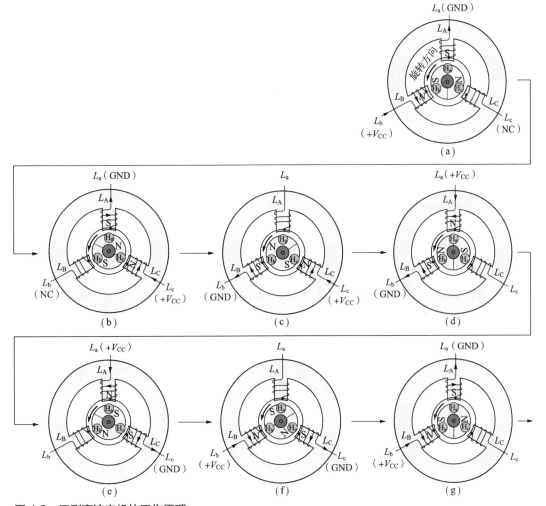

图 4.3　无刷直流电机的工作原理

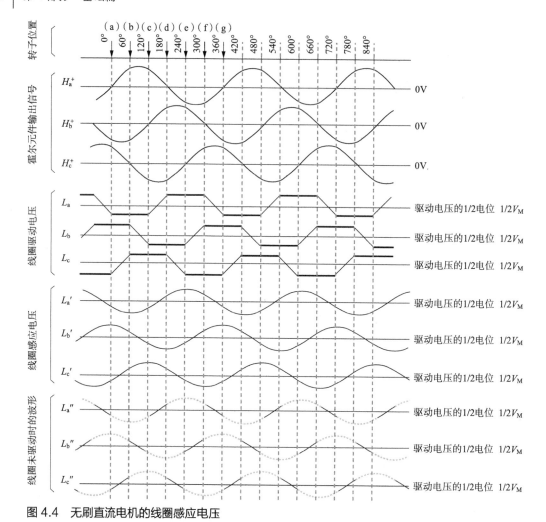

图 4.4　无刷直流电机的线圈感应电压

4.2　根据线圈感应电压进行无传感器驱动的原理

图 4.3 是上一章介绍过的无刷直流电机的工作原理，图 4.4 是工作波形。在图 4.3 中，转子的旋转角为 0°→60°→120°→180°→240°→300°→360° 时，对应的霍尔元件输出信号、线圈驱动波形、线圈感应电压分别表示为

·霍尔元件输出信号：H_a^+、H_b^+、H_c^+

·线圈驱动电压：L_a、L_b、L_c

·线圈感应电压：$L_a{}'$、$L_b{}'$、$L_c{}'$

现在，试着切断旋转中的无刷直流电机各线圈的驱动电流。转子由于惯性还会短暂旋转，这时可以观测到驱动线圈产生的感应电压波形 $L_a{}'$、$L_b{}'$、$L_c{}'$，无刷直流电机完全变成了三相交流发电机。

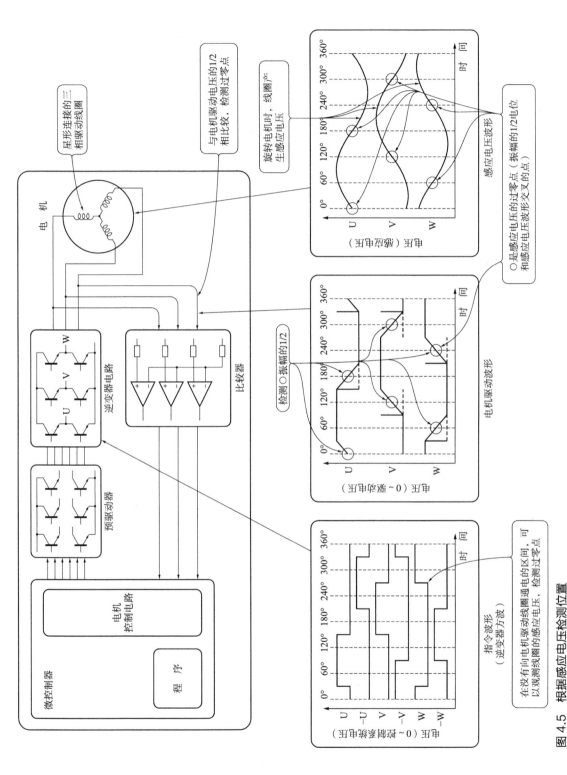

图 4.5　根据感应电压检测位置

在无传感器驱动方式中，通过线圈产生的感应电压检测转子的位置，以切换线圈的电流对比图4.4中的驱动电压波形$L_a \sim L_c$与感应电压波形$L_a' \sim L_c'$会发现，非驱动时间的$L_a \sim L_c$与$L_a' \sim L_c'$一致。

接下来，对比一下线圈感应电压$L_a' \sim L_c'$和霍尔元件输出信号$H_a^+ \sim H_c^+$。反转感应电压波形的极性，让其位相延迟30°，就会与霍尔元件的输出信号重叠。

这说明，可以利用线圈感应电压信号替代无刷直流电机的霍尔元件信号。

但是，还有一个问题：霍尔元件是用来检测磁场强弱的元件，在转子完全静止时也可以检测转子位置，而线圈感应电压只在转子旋转时产生。因此，在将线圈感应电压用作转子位置检测信号的无传感器驱动电路中，需要仅在启动时强制电机旋转的结构。

4.3　无传感器驱动 IC TB6588

图4.6是无刷直流电机无传感器驱动IC TB6588FG（东芝）的内部方框图和应用电路，图4.7是引脚图。

这是一种三相全桥无刷直流电机无传感器驱动控制IC，内含无传感器控制电路和三相全桥驱动电路。它根据速度指令引脚（VSP）输入的线性电压，内部生成PWM控制驱动信号，通过速度指令电压改变PWM的占空比（脉宽），即可控制转速。

■ 启　动

无刷直流电机无传感器驱动IC TB6588，接收线性电压信号（VSP）启动指令，按下述顺序开始无传感器驱动。

● 直流励磁期间

因为不知道无刷直流电机启动时的转子位置，所以强制电流流入线圈，让转子旋转到始动位置并固定。

如图4.8所示，在直流励磁期间，电流流入U-V，电机的转子位置固定在始动位置。这个直流励磁期间通过TB6588FG外部的电容（C_2）和电阻（R_1）来设置。

在直流励磁期间，当IP引脚电压从V_{REF}变为$V_{REF}/2$时，通过直流励磁将转子固定在始动位置。

● 强制换流期间

给停止状态的转子慢慢施加旋转磁场，让其开始旋转，如同步进电机以一定周期的旋转磁场让转子开始旋转。如图4.8所示的强制换流期间，控制器以一定频率输出强制换流的通电信号，让电机旋转。

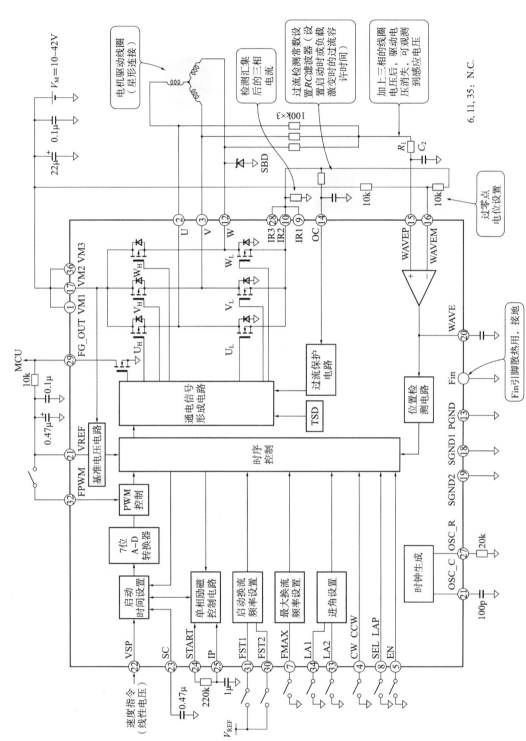

图 4.6　三相无刷直流电机无传感器驱动 IC TB6588FG 的内部方框图和应用电路[1]

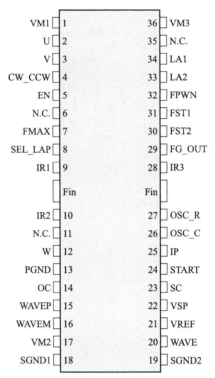

图 4.7 无刷直流电机无传感器驱动 IC TB6588FG 的引脚图[1]

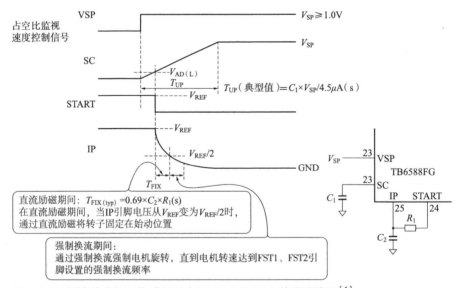

图 4.8 无刷直流电机无传感器驱动 IC TB6588FG 的启动阶段[1]

强制换流期间并不检测转子位置。因此，需要考虑转子的惯性和线圈的励磁转矩，慎重设置换流频率。

通过强制换流，当电机转速达到FST1、FST2引脚设置的强制换流频率时，切换为无传感器模式。

● 电机感应电压的检测

通过强制换流，电机开始旋转，各相线圈产生感应电压。这种感应电压输入到位置信号输入端时，模式自动从强制换流切换为无传感器驱动。

● 开始无传感器工作

电机开始旋转后，根据各相的感应电压便可得知转子位置，据此切换相驱动信号。

直流励磁、强制换流的时间设置会随电机及负载发生变化，因此需要通过实验来匹配。另外，无传感器启动后，会因转矩和速度指令电压的激变而导致失步。

■ 速度控制

为了说明无刷直流电机无传感器驱动IC TB6588FG的PWM速度控制，取出三相线圈驱动电机中的U相进行展示，如图4.9所示。根据图4.7，TB6588的驱动电路由上臂（高边）PNP型FET和下臂（低边）NPN型FET构成。

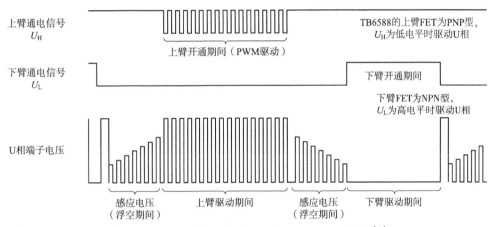

图4.9 TB6588FG的PWM工作波形（单相，PWM控制由上臂完成）[1]

上臂通电信号U_H为低电平时，U相线圈被驱动；下臂通电信号U_L为高电平时，U相线圈被驱动。

速度控制通过PWM控制上臂FET驱动信号来实现。增大PWM的驱动脉宽，驱动力变大；减小脉宽，驱动力变小。

上臂和下臂都没有被驱动时，U相线圈处于浮空状态，可以观测到感应电压。这种感应电压可用于无传感器驱动所需的转子位置检测。

直流励磁期间和强制换流期间的驱动脉宽取决于SC（软启动）引脚的电压。

无传感器驱动期间的驱动脉宽取决于图4.10所示的速度指令引脚（VSP）的线性电压。通过检测电机的转速和目标速度之差进行反馈控制，即便负载发生变动，也可以维持速度。

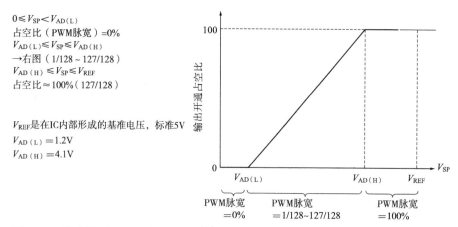

$0 \leqslant V_{SP} < V_{AD(L)}$
占空比（PWM脉宽）=0%
$V_{AD(L)} \leqslant V_{SP} \leqslant V_{AD(H)}$
→右图（1/128 ~ 127/128 ）
$V_{AD(H)} \leqslant V_{SP} \leqslant V_{REF}$
占空比≈100%（127/128 ）

V_{REF}是在IC内部形成的基准电压，标准5V
$V_{AD(L)} = 1.2V$
$V_{AD(H)} = 4.1V$

图 4.10　速度控制 VSP 引脚的作用[1]
VSP 引脚的模拟电压通过 7 位 A-D 转换器转换为 PWM 占空比

■ 保护动作

　　电机因转矩或负载变动过大而处于停转状态时，继续通电会导致过大的电流长时间流入驱动线圈及驱动器件，会烧坏线圈、破坏驱动器件。

　　无刷直流电机也不例外。尤其是采用无传感器驱动时，停转会导致检测转子位置的传感器功能丧失。因此，要有充分的保护功能。

● 速度异常保护

　　TB6588FG的保护动作如图4.11所示。当电机转速超过最大换流频率，或减速到强制换流频率以下时，驱动输出信号关断。约1s后电机再启动。

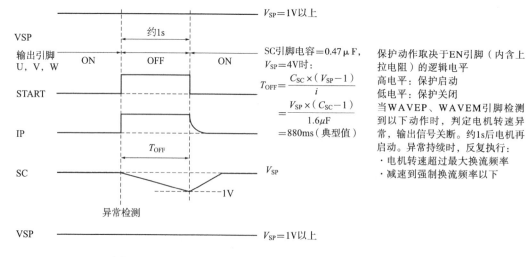

图 4.11　保护动作[1]

● 过热保护

图4.12是TB6588FG检测到电机过热时的异常处理顺序。IC达到165°以上时，TSD（Thermal ShutDown：过热保护）功能启动，将输出关断。当温度降至150°以下时，再次按照启动时的顺序开始工作。

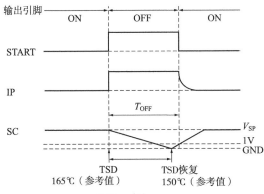

TSD检测到电机温度超过165℃（标准值）时，判定电机异常，关断输出信号。这时，START引脚变为高电平，SC引脚变为低电平。电机冷却到150℃（标准值）后，TSD恢复，按启动时的顺序开始工作。

图 4.12　TSD 异常处理[1]

● 过流保护

TB6588FG的过电流保护电路如图4.13所示。最大负载电流通过电流检测电阻R_1设置。

例如，电流检测电阻R_1为0.33Ω时，输入到过流信号输入引脚（OC）的检测电压：

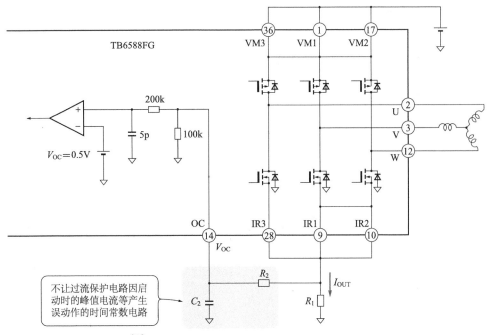

图 4.13　过流保护电路[1]

电流（I_{OUT}）检测电阻引脚（IR1 ~ IR3）电压超过 0.5V 时，过流保护电路动作。设 R_1=0.33Ω，则 I_{OUT}=0.5V/0.33Ω ≈ 1.5A 时过流保护动作

$$V_{OC} = 0.33\,\Omega \times I_{OUT}$$

式中，I_{OUT}为负载电流。

V_{OC}超过0.5V时，过流保护电路动作，将三相驱动电机的上臂FET变为关断状态，电机停转。

为了保证保护电路不在电机启动或瞬时大转矩电流时发生误动作，要通过电阻R_2、电容C_2的时间常数电路设置过流容许时间。

■ 进角控制

TB6588FG具备0°、7.5°、15°、30°的进角控制功能。如图4.14所示，这是调整感应电压和驱动通电信号的相位的功能。

进角通过信号输入引脚LA2、LA1设置，引脚开路视为高电平。

- LA2为高电平，LA1为高电平 → 进角30°
- LA2为高电平，LA1为低电平 → 进角15°
- LA2为低电平，LA1为高电平 → 进角7.5°
- LA2为低电平，LA1为低电平 → 进角0°

始动期间，强制换流在进角0°时动作。切换到无传感器模式后，根据LA1、LA2引脚设置的进角进行强制换流。

4.4 正弦波驱动方式的优点

无刷直流电机的下一个进化是图4.1所示的正弦波驱动。将从方波驱动变为正弦波驱动，可以减少电机的噪声及振动。

进行方波驱动时，驱动线圈的电流激变：

- 从断电到通电（＋）
- 从通电（＋）到断电
- 从断电到通电（－）
- 从通电（－）到断电

容易产生振动及噪声。

另外，驱动线圈含有电感成分，进行方波驱动时，激变的电流会产生感应电压。结果是电流波形产生图4.1所示的纹波，这是电机产生噪声及振动的原因。这从电机的能效方面来看也不好。

图4.15是正弦波驱动IC TB6585FG（东芝）的内部方框图和应用电路。这个IC通过霍尔元件检测转子位置进行正弦波驱动，不属于无传感器驱动。

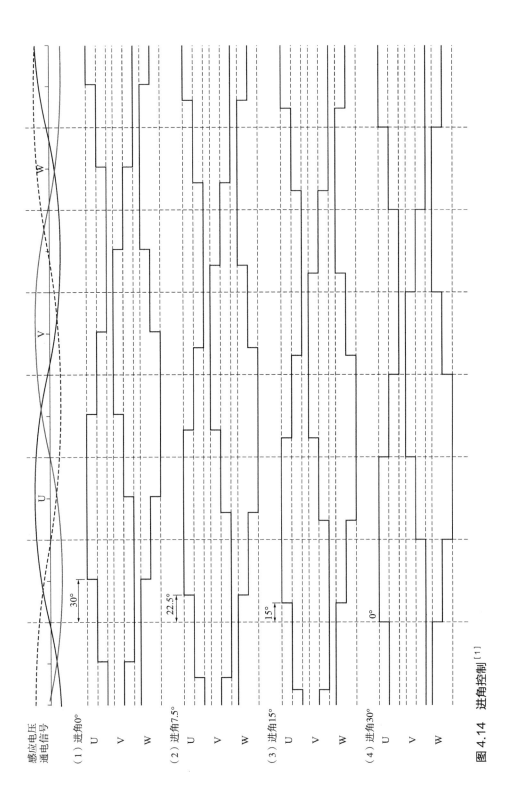

图 4.14　进角控制 [1]

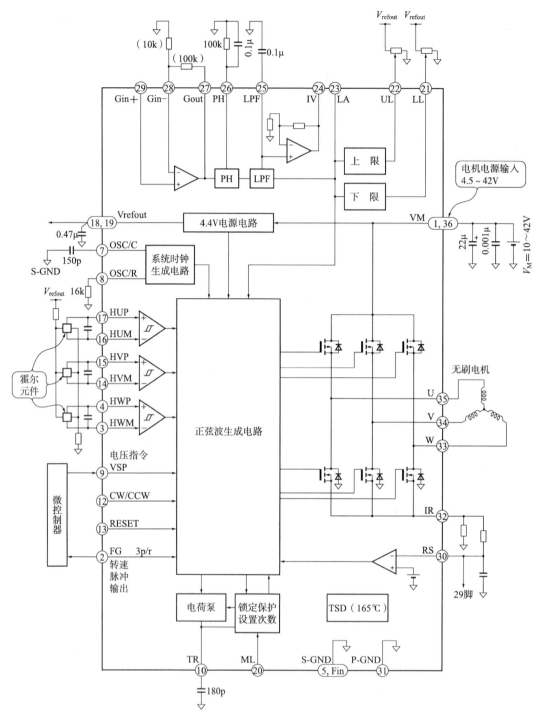

图 4.15　正弦波驱动 IC TB6585FG（东芝）的方框图和应用电路 [2]

通过微控制器向 VSP（速度电压指令输入引脚）输入的指令值，进行电机的启动及速度控制。

4.5　始动时采用方波驱动，运转时过渡为正弦波驱动

　　TB6585将霍尔元件作为位置传感器，用方波驱动无刷直流电机。图4.16给出了TB6585的三相驱动流程图。

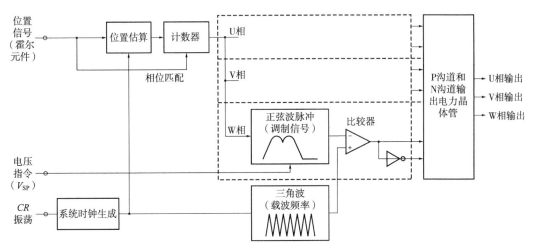

图 4.16　TB6585 的三相驱动流程图[2]

　　根据霍尔元件的位置信号，通过位置估算逻辑电路生成U相、V相、W相的驱动时序。

　　由CR振荡电路生成的时钟是逻辑电路的基准时钟，也用于生成形成PWM脉冲波形的三角波（载波频率）。

　　施加于VSP引脚的指令电压V_{SP}用作电机的停止/启动指令和速度控制指令。

　　图4.17显示了通过电压指令V_{SP}输入进行正弦波PWM调制的方框图。

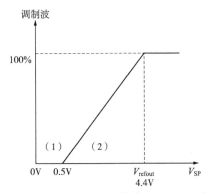

（a）$V_{SP} \leqslant 0.5V$时，电机停转；$0.5 \geqslant V_{SP}$ 时，电机驱动开始。霍尔元件信号在2.5Hz内是方波驱动，在2.5Hz以上是正弦波驱动

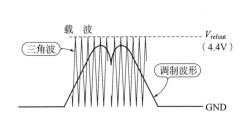

（b）假设V_{refout}电压为100%，通过三角波（载波）和调制波形的比较进行PWM

图 4.17　通过速度电压指令输入进行正弦波 PWM[2]

如图4.17（a）所示：

·0V<V_{SP}≤.5V时，电机停止（驱动输出关断）

·V_{SP}≥0.5V时，电机启动，正弦波驱动

V_{SP}超过0.5V时，电机和霍尔元件同时开始方波驱动。如图4.18（a）所示，上臂由PWM驱动，下臂由平坦的方波驱动。

上臂的PWM驱动波是由三角波（载波频率）和恒定电压值的比较器输出生成的。

霍尔元件信号达到2.5Hz时，从方波驱动过渡到正弦波驱动。如图4.18（b）所示，与正弦波底部相对的PWM波形变窄，与顶点相对的PWM波形变宽。

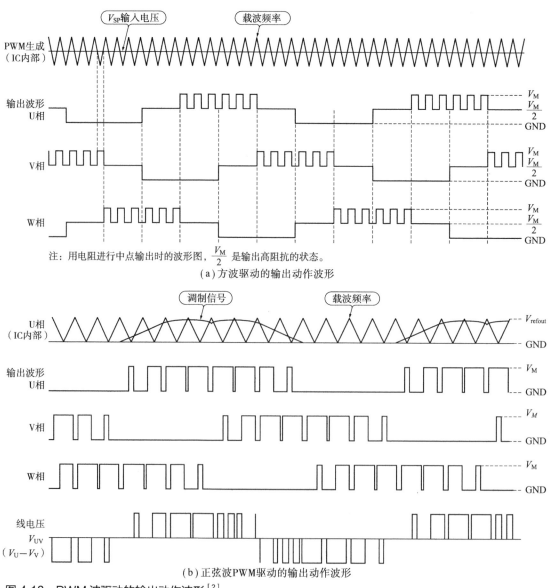

图 4.18　PWM 波驱动的输出动作波形[2]

如图4.18（b）所示，U相、V相、W相的波形是电压波形，流入各相线圈的电流波形接近正弦波。

这个正弦波PWM驱动信号是将图4.17（b）所示的三角波（载波频率）和调制波形，通过图4.16中的比较器比较生成的。

这种调制波形有着特别的形状，如图4.19所示，是将霍尔元件信号按相位切割后拼接出来的形状。

调制波形的波高值可以反映进行速度控制的电压指令值V_{SP}。

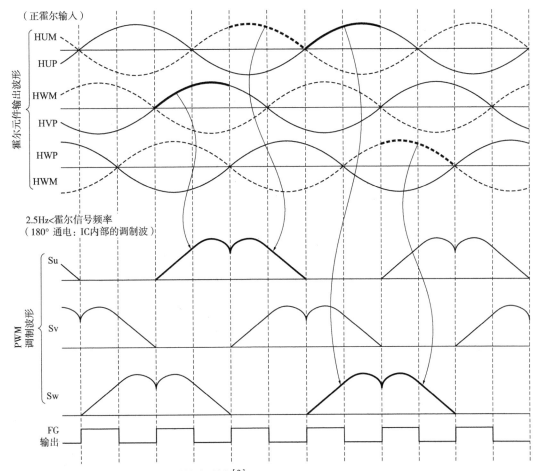

图 4.19　正弦波 PWM 调制波形的生成法[2]
正转动作时序图，CW/CCW 为低电平，LA 接地

参考文献

［１］東芝 . TB6588FG データ・シート . 2011-02-24.

［２］東芝 . TB6585FG，TB6585FTG データ・シート . 2011-09-09.

第5章　无刷直流电机矢量控制理论

——让电机发挥最大转矩

〔日〕小柴晋　江崎雅康

近年来，随着节能意识的提高及商品性能的提升，人们对电机控制有了更高的要求。在家电领域，起初可以用交流电源直接驱动的感应电机及通用电机[1]是主流；20世纪90年代后半期，效率高且可自由变速的永磁同步电机[2]的逆变器驱动（120°通电）得到了应用。

从无传感器驱动、正弦波驱动、无传感器正弦波驱动，无刷直流电机的驱动方式逐步进化。进入21世纪后，最大限度发挥32位微控制器的处理能力的矢量控制方式变为主流。

32位微控制器降价后，提高效率及抑制振动的无传感器矢量控制可以以较低的成本实现。本章将对主流的永磁同步电机（以下称为无刷直流电机）的矢量控制进行讲解。

5.1　矢量控制技术的优点

120°通电控制的无刷直流电机的逆变器驱动，每相都按下述顺序反复操作：

正通电120°→不通电60°→负通电120°→不通电60°

三相输出每360°电气角切换6次，切换时间取决于霍尔传感器的输出。

进行无传感器驱动时，可通过不通电区间（60°×2次）的感应电压计算电机位置。这样，控制周期以60°电气角为单位，不需要高性能的控制器，可以实现低成本。

另一方面，输出波形为梯形，与正弦波驱动相比，振动变多。另外，控制周期长，无法根据转矩变动进行精确反馈。

彻底解决这些缺点的就是矢量控制。控制的PWM周期为64～250μs——根据A–D转换器获取的三相电流值进行各种计算，检测电机位置，输出最合适的PWM周期。

---

[1] 通用电机使用带有碳刷和换向器的转子，这一点与有刷直流电机相似。定子中以线圈代替永磁体，但基本原理相同。

[2] 永磁同步电机（Permanent Magnetic Synchronized Motor, PMSM）和无刷直流电机几乎相同，本书视其为无刷直流电机。

在如此短的周期内进行电流反馈，可以实现追踪负载变动的控制。另外，对于磁场不同的电机，也可以实现最合适的输出。

5.2　矢量控制的概念和控制方式、基本控制流程

■　矢量控制的概念

无刷直流电机的矢量控制是指，对应负载，控制转子（磁体）产生最适合的力（转矩）。也就是说，这种控制方式通过流入间隔120°的磁场的电流，将传递到转子的力作为转矩，发挥最大作用。

图5.1是无刷直流电机的原理图（与实际的电机有区别）。中央的转子由2极（N、S）永磁体构成，周围间隔120°的定子（磁场）线圈U、V、W。根据转子的位置切换流入线圈的电流，以形成旋转磁场，便可让转子旋转。

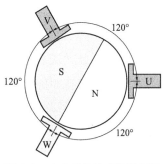

图5.1　由永磁体构成的转子和其周围间隔 120° 配置的定子（电磁铁）

转子转矩与定子（励磁线圈）产生的磁场的强度成比例。定子产生的磁场的强度，与流入定子的电流成比例。

如图5.2所示，3个定子线圈U、V、W按120°等间隔固定，转子相对于定子一直旋转。因此，转子所受的转矩，需要从转子的角度计算矢量（转矩的大小及方向）。

转子的转矩如图5.3所示，分为磁体的磁通方向的 d 轴和与之垂直的 q 轴。通过控制 q 轴电流，可以控制电机转矩；通过控制 d 轴电流，可以控制磁场。

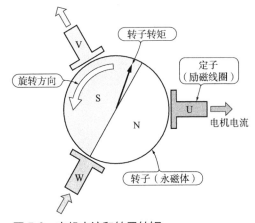

图 5.2　电机电流和转子转矩
电流流过三相线圈，转子产生转矩（旋转力）。转子持续旋转，需要对应转子位置控制流过线圈的电流

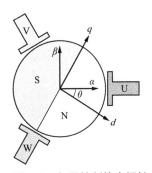

图 5.3　矢量控制的坐标轴

实际的控制，不是从三相的电流值直接求出 d 轴电流、q 轴电流，而是通过相变换转化为与U相相同的 α 轴和与之垂直的 β 轴，之后算出 d 轴、q 轴电流。

■ 矢量控制的方式

矢量控制是使用电流矢量的控制，一般有如下3种方式。

● $I_d = 0$ 控制

保持 d 轴电流 I_d 为0的控制，电流矢量根据负载状态在 q 轴上下。对于外侧配置有永磁体的无刷直流电机，这是一般的控制方法。

这种方式不会产生 d 轴电流，而 d 轴电流对转矩没有贡献，所以在相同转矩条件下的电流最小、效率高。本书要讲的就是这种控制方式。

● 最大转矩控制

永磁转子式无刷直流电机，由于阻抗的关系（$L_q > L_d$）而具有凸极性。这种电机除了利用永磁转矩的，也有利用磁阻转矩的。

在磁场中放入磁体，磁体便会受到磁场方向的力——这就是磁阻转矩。具有凸极性的电机，随着转子铁心角度的变化，定子电流产生的磁通的易通过性（磁阻的倒数）发生变化，形成磁通易通过的角度，产生转矩。

在磁场中放置磁体（一对磁极），磁体N-S轴受到磁场方向的力——这就是永磁转矩。带有磁场的同步电机，转子电流（或磁体）形成的磁场和定子电流（或磁体）形成的磁场的方向一致，产生转矩。

最大转矩控制是利用这两种转矩，对应相同的电流产生最大转矩的控制方法。这里不进行详细介绍。

● 弱磁场控制

d 轴与转子磁体是同一方向的轴，控制 d 轴电流向负方向流动，可以对 d 轴方向的磁通量减磁——这就是弱磁场控制，是通过抑制高转速范围内感应电压的上升，提高电机最高速度的控制方法（详情在后面讲述）。

■ 矢量控制的基本流程

矢量控制的基本流程如图5.4所示，实际的控制顺序如下。

① 三相电流测量：通过A-D转换器测量分流电阻的电压，转换成三相电流值（I_u、I_v、I_w）。

② 坐标变换：将三相电流值转换为 d 轴、q 轴电流（I_q、I_d）。

③ 位置估算：在无传感器的情况下，通过转子的角速度 ω 和电气角 θ 计算。

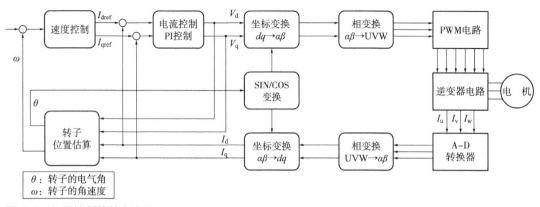

图 5.4　矢量控制的基本流程

④ 速度控制：根据目标速度 ω_{ref} 和实际速度 ω，使用 PI 控制，计算电流指令值（I_{dref}、I_{qref}）。

⑤ 电流控制：根据电流指令值（I_{dref}、I_{qref}）和实际电流值（I_d、I_q），使用 PI 控制，计算输出电压（V_d、V_q）。

⑥ 坐标逆变换：将 d 轴、q 轴电压转换成三相电压（PWM 脉宽）。

5.3　矢量控制的电流检测方式

■ 电流测量：逆变器电路的电流检测方法

电机驱动用的逆变器电路使用经整流过的直流电源。如图 5.5 所示，连接电机的三相装有向各个桥臂供电的电力器件（这里是 IGBT）。

根据采用的直流电压及电流，电力器件有所不同。空调室外机（500V/20A）等使用的是分立 IGBT，冰箱压缩机（500V/1A）使用的是可以用微控制器直接驱动的 IPD（Intelligent Power Device，智能电力器件）等。

用于矢量控制的三相电机电流，有以下检测方式。

● 三分流电阻式

在各相的下臂晶体管和地之间安装分流电阻，用运算放大器进行电压放大，然后通过微控制器的 A–D 转换器进行测量。与双电流传感器式相比，成本低，但采样时间受限。

● 单分流电阻式

在逆变器的地线上串联分流电阻，用计算放大器进行电压放大，然后通过微控制器的 A–D 转换器进行测量。在一个 PWM 周期内，通过测量不同的 2 个输出点，计算三相电流。

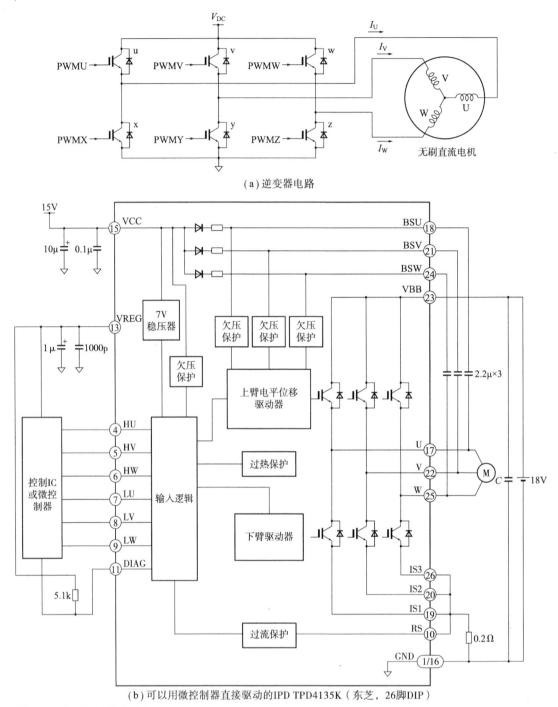

（a）逆变器电路

（b）可以用微控制器直接驱动的IPD TPD4135K（东芝，26脚DIP）

图 5.5　电机驱动逆变器电路

这种方式的成本最低，但是存在无法测量电流的时间，而且低速时这个时间会变长。

● 双电流传感器（电流互感器 / 电流传感器）方式

　　这是3种方式中成本最高的一种，随时能够测量电流，而且有着不易受噪声影响的优点。传感器装在三相电机驱动线中的二相上，剩余的一相电流通过下式计算：

$$I_u + I_v + I_w = 0$$

■ 三分流电阻式

三分流电阻式逆变器电路如图5.6（a）所示。各相的下臂晶体管和地之间安装有分流电阻，用运算放大器对其电压放大后，通过微控制器的A–D转换器进行电流测量。

因为要减小发热导致的损耗，使用0.1Ω的分流电阻。因此，产生的电压很微弱。如果使用0.01Ω的分流电阻，产生的电压只有

$$0.01\Omega \times 10A = 0.1V$$

需要用运算放大器进行放大。

通过分流电阻检测的电压以地为中心，在正负间摆动。为了能用A–D转换器测量，要用运算放大器等对分流电阻的取样电压进行放大，转换为2.5V传感器的0 ~ 5V信号，如图5.6（b）所示。

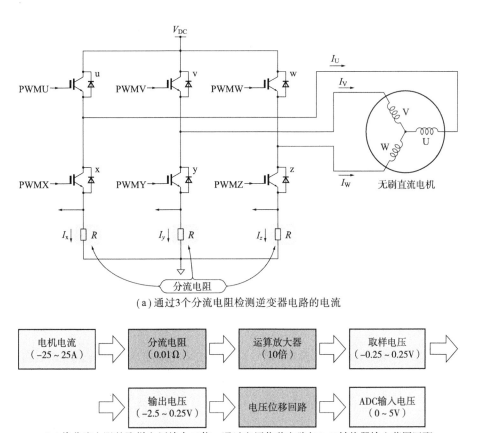

（a）通过3个分流电阻检测逆变器电路的电流

（b）将分流电阻的取样电压放大10倍，通过电压位移电路与A–D转换器输入范围匹配

图 5.6　三分流电阻式逆变器电路

● 电流采样时间

为防止三相的电流值因时间差变动，如图5.7（a）所示，在相同时间采样测量。另外，因为晶体管中的续流二极管（FWD），流出地的电流得以持续流动，而流入地的电流取决于下臂晶体管的开通。因此，如图5.7（b）所示，无论是怎样的输出占空比，在电流检测时间，下臂晶体管持续开通，自PWM计数器的三角波的波峰开始采样。

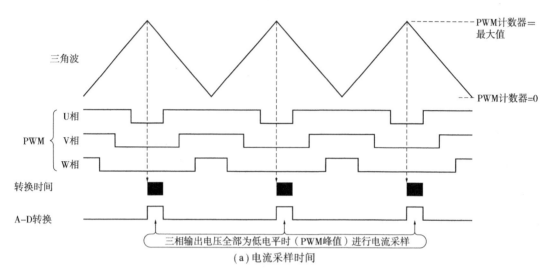

（a）电流采样时间

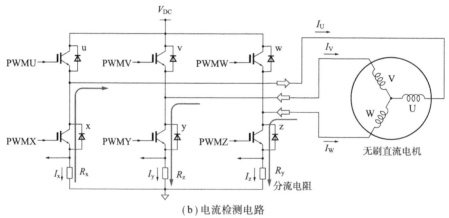

（b）电流检测电路

图 5.7　三分流电阻式电流采样

● 电流值计算方法

电机电流I_U、I_V、I_W,可以根据流入下臂电力器件x、y、z连接的分流电阻R_x、R_y、R_z的电流I_x、I_y、I_z求得。检测电流I_x、I_y、I_z中，一个PWM的高电平输出时间比其他的短，有可能获取不到正确的电压。因此，通常不采用这相电压，而是通过剩余的二相电压进行计算。

根据三相驱动波形的相位θ_s区分的6个区段（图5.8），电流检测相各不相同。以各区段输出效率最大的相进行计算。

① 区段1（$\theta_s=0°\sim60°$）：$I_V=-I_y$，$I_W=-I_z$，$I_U=-I_V-I_W$

② 区段2（$\theta_s=60°\sim120°$）：$I_W=-I_z$，$I_U=-I_x$，$I_V=-I_W-I_U$

③ 区段3（$\theta_s=120°\sim180°$）：$I_W=-I_z$，$I_U=-I_x$，$I_V=-I_W-I_U$

④ 区段4（$\theta_s=180°\sim240°$）：$I_U=-I_x$，$I_V=-I_y$，$I_W=-I_U-I_V$

⑤ 区段5（$\theta_s=240°\sim300°$）：$I_U=-I_x$，$I_V=-I_y$，$I_W=-I_U-I_V$

⑥ 区段6（$\theta_s=300°\sim360°$）：$I_V=-I_y$，$I_W=-I_z$，$I_U=-I_V-I_W$

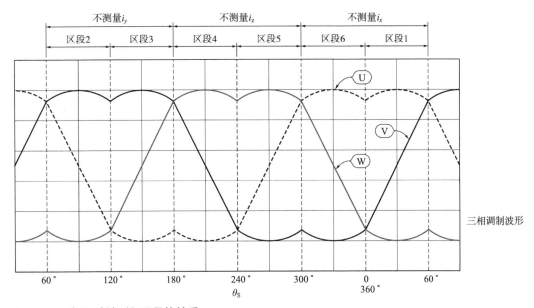

图 5.8　三相驱动波形和区段的关系

■ 单分流电阻式

单分流电阻式逆变器电路如图5.9所示。在逆变器的地线上串联分流电阻，用运算放大器对其电压进行放大，然后通过微控制器的A–D转换器进行电流测量。

与三分流电阻式相同，需要用运算放大器进行放大，但电压只向正侧摆动，所以不需要位移电路。

● 电流采样时间

单分流电阻式电流检测，测量三相电流汇集到一路的电流。因此，通过测量一个PWM周期内不同的二个输出点得到二相电流，计算剩余一相的电流，最终确定三相电流。

图5.10说明了区段1（电气角0～60°）的计算方法。通过区段1的三相调制得到的1个周期的PWM输出，有下列4种：

（UVW）：（000），（100），（110），（111）

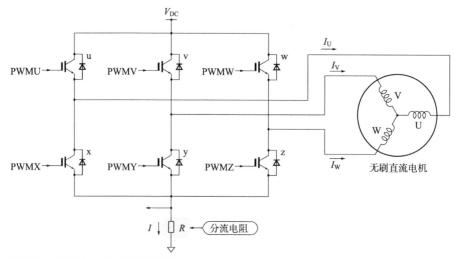

图 5.9 单分流电阻式逆变器电路

这里，0表示低电平（地侧晶体管开通），1表示高电平（V_{DC}侧晶体管开通）。

其中，输出（100）和（110）时，测量分流电阻的电压；输出（100）时，分流电阻的电流是I_y和I_z之和；输出（110）时，分流电阻的电流与I_z相等。利用这些结果和$I_u + I_v + I_w = 0$，可以按图5.10所示的公式求得三相电流。

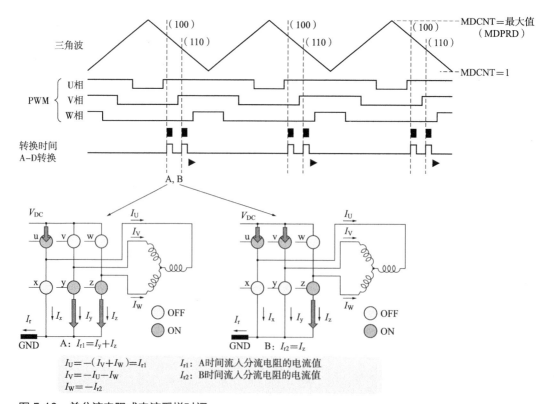

图 5.10 单分流电阻式电流采样时间

● 电流值计算方法

在各区段之间，下式成立。单分流电阻式中，可测量的电流随时间变化（图5.11）。

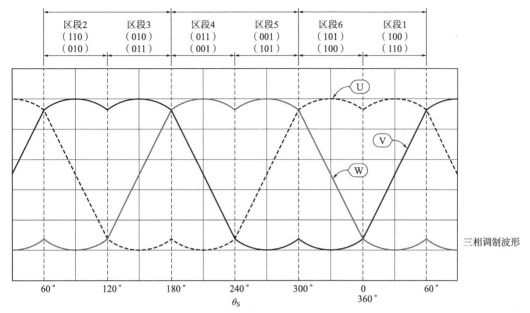

图 5.11　单分流电阻式区段电流计算

① 区段1（$\theta_s=0\sim60°$）：电流方向U→V、W（100），U、V→W（110）

（110）：$I_W=-I_r$

（100）：$I_U=I_r$

$I_V=-I_U-I_W$

② 区段2（$\theta_s=60°\sim120°$）：电流方向U、V→W（110），V→W、U（010）

（110）：$I_W=-I_r$

（010）：$I_V=I_r$

$I_U=-I_V-I_W$

③ 区段3（$\theta_s=120°\sim180°$）：电流方向V→W、U（010），V、W→U（011）

（010）：$I_V=I_r$

（011）：$I_U=-I_r$

$I_W=-I_U-I_V$

④ 区段4（$\theta_s=180°\sim240°$）：电流方向V、W→U（011），W→U、V（001）

（011）：$I_U=-I_r$

（001）：$I_W=I_r$

$I_V=-I_U-I_W$

⑤ 区段5（$\theta_s = 240° \sim 300°$）：电流方向W→U、V（001），W、U→V（101）

　　（001）：$I_W = I_r$

　　（101）：$I_V = -I_r$

　　$I_U = -I_V - I_W$

⑥ 区段6（$\theta_s = 300° \sim 360°$）：电流方向W、U→V（101），U→V、W（100）

　　（101）：$I_V = -I_r$

　　（100）：$I_U = I_r$

　　$I_W = -I_U - I_V$

5.4　矢量控制的坐标变换

■ UVW → $\alpha\beta$ 变换（Clarke 变换）

由电机电流直接算出转子转矩是有困难的。首先，将U、V、W相的电流变换成$\alpha\beta$直角坐标，如图5.12所示。这种变换也叫Clarke变换。

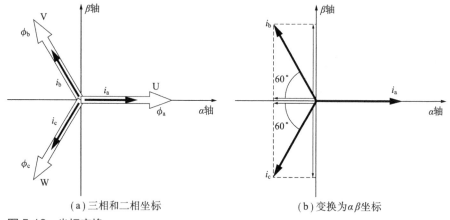

（a）三相和二相坐标　　　　　　（b）变换为$\alpha\beta$坐标

图 5.12　坐标变换

当三相线圈U、V、W分别流入电流I_U、I_V、I_W获得的磁场，与二相线圈α轴、β轴分别流入电流I_α、I_β获得的磁场相同时，可用下式算出I_α、I_β。但是，U相电流和α要同方向。

$$I_\alpha = 2/3 \times \left(\cos 0 \times I_U + \cos 120° \times I_V + \cos 240° \times I_W \right)$$

$$= 2/3 \times \left(I_U - 1/2 \times I_V - 1/2 \times I_W \right)$$

$$I_\beta = 2/3 \times \left(\sin 0 \times I_U + \sin 120° \times I_V + \sin 240° \times I_W \right)$$

$$= 2/3 \times \left(\sqrt{3/2} \times I_V - \sqrt{3/2} \times I_W \right)$$

各行开始的"2/3"，需要通过微控制器进行实际计算得到。

■ $\alpha\beta \to dq$ 变换（Park 变换）

接下来，如图5.13所示，将$\alpha\beta$直角坐标变换成dq轴。这种变换也叫Park变换。d轴与磁体同方向，q轴与d轴垂直。流入dq轴的电流I_d、I_q用下式表示：

$$I_d = \cos\theta \times I_\alpha + \sin\theta \times I_\beta$$

$$I_q = -\sin\theta \times I_\alpha + \cos\theta \times I_\beta$$

式中，θ表示电机位置（线圈位置）。

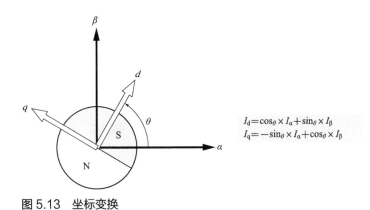

$$I_d = \cos_\theta \times I_\alpha + \sin_\theta \times I_\beta$$
$$I_q = -\sin_\theta \times I_\alpha + \cos_\theta \times I_\beta$$

图 5.13　坐标变换

■ 小　结

U、V、W的三相的电流（I_U、I_V、I_W）分别以$-1 \sim +1$的正弦波输入，电机位置与三相输出完全同步动作时，求得的I_α、I_β、I_q、I_d结果如图5.14所示。

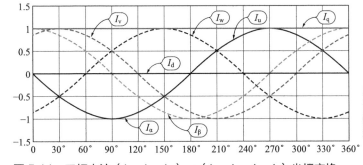

I_α为I_U同相位、同振幅的正弦波
I_β为I_α前移90°的正弦波

I_q：$=1$
I_d：$=0$

图 5.14　三相电流（I_U、I_V、I_W）$\to$（I_α、I_β、I_q、I_d）坐标变换

刚才的"UVW→$\alpha\beta$ 变换"中多乘了2/3——没有它的计算结果就变成了图5.15。

这样，计算结果会在$-1.5 \sim +1.5$内变化。实际采用微控制器计算时，会使用$-1 \sim +1$的定点数，所以在"UVW→$\alpha\beta$ 变换"时乘以2/3，控制在$-1 \sim +1$范围。但是，如果就这样进行计算，电流值也会变为2/3，所以在计算电压输出时的坐标逆变换中，要乘以3/2恢复原值。像这样匹配相变换前后的振幅，就叫做相对变换。

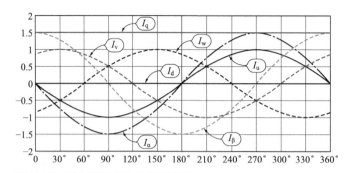

图 5.15 输出乘以 2/3 的坐标变换

"UVW → αβ 变换" 不乘以 2/3 时: $I_α$ 为 I_U 同相位、1.5 振幅的正弦波,
$I_β$ 为 $I_α$ 前移 90° 的正弦波

5.5 多用于重视成本的家电产品的无传感器控制

在矢量控制中,可通过位置传感器检测正确的转子位置。但是,家电产品一般不使用高价传感器,所以采用估算位置的无传感器控制及霍尔IC。

更精确的位置传感器上使用了旋转变压器及增量编码器。在此对增量编码器进行说明。

增量编码器装在电机的转子轴上,随着旋转输出相位差为90°的A相、B相信号和显示基准位置的Z相信号(图5.16中的输入)。电机每转1圈,A相和B相信号输出额定数量的脉冲(如每圈输出1024个脉冲),Z相信号输出1个脉冲。微控制器对基准位置的脉冲进行计数,以检测转子位置(图5.16的处理)。

■ 无传感器控制

对于转子位置的估算,设转子位置估算值的误差产生的d轴感应电压为0,算出角速度,再根据角速度估算当前的转子位置即可。

图5.17(a)是无估算误差,感应电压$E=R\_E_q$($R\_E_d=0$)的状态。图5.17(b)是感应电压E相对于q轴偏移,R_E_d不为0的状态。转子按箭头方向旋转时,d'、q' 相对于实际的d、q(转子位置)前移。这时,减小角速度,偏差(R_E_d)可以调整为0。角速度的调整值可以使用PI(Proportional Integral,比例积分)计算。

■ 位置估算

d轴感应电压E_d,可以通过与d轴有关的下列等效电路方程求得:

$$E_d = V_d - R \times I_d + \omega_{est} \times L_q \times I_q$$

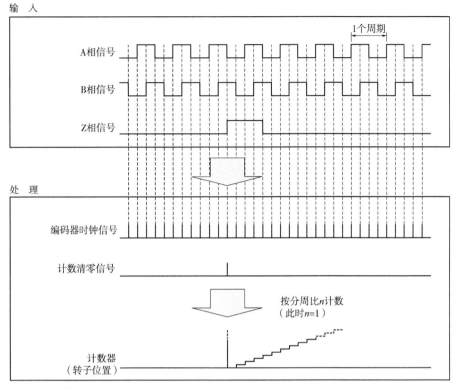

图 5.16　增量编码器

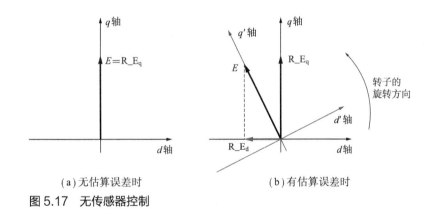

（a）无估算误差时　　（b）有估算误差时

图 5.17　无传感器控制

式中，E_d为d轴感应电压；V_d为d轴外加电压；R为转子线圈电阻；I_d、I_q为d轴、q轴电流；ω_{est}为估算速度；L_q为q轴转子线圈电感

通过前一次的ω_{est0}和当前的V_d、I_d、I_q，算出E_d。根据E_d和目标值（$E_d=0$）的偏差，通过PI控制，可以求出ω的操作量（R_E_d_PI），如图5.18所示。

根据ω的操作量（R_E_d_PI），可以求出估算速度和估算位置。

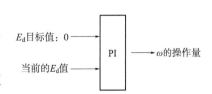

图 5.18　位置估算

新的估算速度：$\omega_{\text{est}} = \omega_{\text{com}} + \text{R\_E}_{\text{d}}\_\text{PI}$

新的估算位置：$\theta_{\text{n}} = \theta_{\text{n}} - 1 + T_{\text{s}} \times \omega_{\text{es}}$

式中，ω_{est} 为估算速度；ω_{com} 为目标速度；$\text{R\_E}_{\text{d}}\_\text{PI}$ 为 ω 的操作量；T_{s} 为控制周期；θ 为转子位置。

5.6 速度控制、电流控制和坐标变换

■ 速度控制处理

速度控制处理是指，为使实际速度 ω 达到目标速度 ω_{com}，通过PI控制，计算电流指令值（I_{qref}、I_{dref}）。另外，例程中使用"$I_{\text{d}} = 0$ 控制"，指定 d 轴的电流指令值（I_{dref}）为0，如图5.19所示。

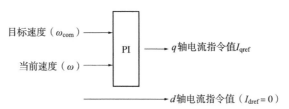

图 5.19 速度控制处理

■ 电流控制处理

电流控制处理是指，为使实际电流值（I_{d}、I_{q}）达到目标电流值（I_{dref}、I_{qref}），通过PI控制，计算电压指令值（V_{d}、V_{q}）。PI控制分别在 d 轴、q 轴进行，如图5.20所示。

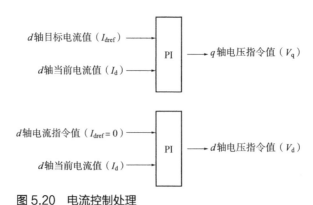

图 5.20 电流控制处理

■ 坐标变换：$dq \rightarrow \alpha\beta$ 变换（Park 逆变换）

将 dq 轴坐标变换为 $\alpha\beta$ 轴的直角坐标。这种变换也叫Park逆变换。

$$V_\alpha = \cos\theta \times V_d - \sin\theta \times V_q$$

$$V_\beta = \sin\theta \times V_d + \cos\theta \times V_q$$

■ 坐标变换：$\alpha\beta \to$ UVW 变换（空间矢量变换）

从二相变换到三相，有Clarke逆变换和图5.21所示的空间矢量变换2种方法。在此对空间矢量变换进行说明。

在一个PWM周期内，上臂（u、v、w）和下臂（x、y、z）晶体管的开关组合有8种，除了0矢量（000）、（111），6种电压矢量$V_1 \sim V_6$对磁场的形成有贡献。

V_1（100）配置于U相（α轴），以它为基准间隔60°配置V_2，依此类推。将其中相邻的两个电压矢量组合，可以获得任意的电压矢量V。这种方法叫做空间矢量法。这里，（UVW）中的U为1时，u开通，x关断；U为0时，u关断，x开通。v、w也是如此。

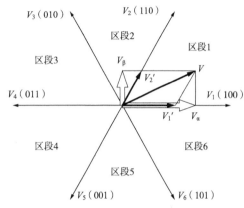

图 5.21　坐标变换：$\alpha\beta \to$ UVW 变换

如图5.20所示，V_α、V_β的合成矢量V在区段1上；电压矢量V_1和V_2各自乘以系数t_1、t_2得到矢量V_1'、V_2'，从而可以得到合成矢量。在PWM半周期中，仅分别在时间t_1、t_2内产生V_1、V_2合成V。

■ 空间矢量变换的 PWM 占空比计算

区段1的PWM，在进行三相调制的情况下，如图5.21所示，由V_0（000）、V_1（100）、V_2（110）、V_7（111）构成。区段1的t_1、t_2、t_3通过以下式计算

$$V_\alpha = 2/3 \times (V_1' + V_2' \times \cos60°) = 2/3 \times V_1' + 1/3 \times V_2'$$

$$V_\beta = 2/3 \times (V_2' \times \sin60°) = 1/\sqrt{3} \times V_2'$$

（"2/3"用于恢复在电流的"UVW$\to\alpha\beta$变换"中多乘的2/3）

式中，

$$V_2' = \sqrt{3} \times V_\beta$$

$$V_1' = 3/2 \times V_\alpha - 1/2 \times V_2' = 3/2 \times V_\alpha - \sqrt{3}/2 \times V_\beta$$

设直流电压为V_{DC}，PWM半周期为T，则

$$V_1' = t_1/T \times V_{DC}$$

$$V_2' = t_2/T \times V_{DC}$$

因此，

$$t_1 = T/V_{DC} \times V_1' = T/V_{DC} \times (3/2 \times V_\alpha - \sqrt{3}/2 \times V_\beta)$$
$$= \sqrt{3} \times T/V_{DC} \times (\sqrt{3}/2 \times V_\alpha - 1/2 \times V_\beta)$$
$$t_2 = T/V_{DC} \times V_2' = T/V_{DC} \times (\sqrt{3} \times V_\beta)$$
$$= \sqrt{3} \times T/V_{DC} \times V_\beta$$
$$t_3 = T - t_1 - t_2$$

V_0、V_7的发生时间分别乘以$t_3/2$的是三相调制；V_0的发生时间为t_3，V_7的发生时间为0的是二相调制。

图5.22显示的是区段1的PWM波形，图5.23显示了二相调制的区段计算方法，图5.24显示了三相调制的区段计算方法。

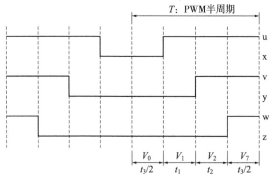

图 5.22　区段 1 的 PWM 波形

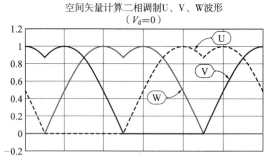

图 5.23　区段计算方法（二相调制）

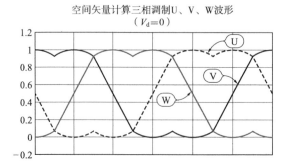

图 5.24　区段计算方法（三相调制）

第 2 部分

应用篇

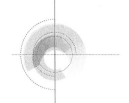

第6章 无刷直流电机 矢量控制实际

—— 矢量控制问题与内置矢量引擎的微控制器 TMPM370

〔日〕江崎雅康　小柴晋

6.1　矢量控制技术用于家电产品的时代

无刷直流电机矢量控制技术，常用于工业机器人、加工设备、自动化设备、半导体制造设备等。这种矢量控制技术，适用于自动化设备的电机转速控制及精密位置控制，也有利于节能。

近年来，空调及洗烘干一体机、吸尘器、热泵式热水器等家用设备也采用无刷直流电机矢量控制技术，目的是节电及提高控制性能。

出于地球环境保护的目的，不通过燃烧加热，而是利用大气中的热来供热的自然冷媒热泵式热水器一直在普及。这种热泵式热水器的压缩机也采用了高级的电机控制技术。

■ 充分发挥 32 位 RISC 处理器性能的无刷直流电机矢量控制

无刷直流电机矢量控制，是无传感器实现电机效率提高及振动抑制的高级控制方法。但是，这种控制要进行包括三角函数及乘除法在内的复杂运算。另外，控制周期（PWM的操作频率）为64～250μs，非常快，所以控制用的微控制器也要是高性能的。

矢量控制的基本流程如图6.1所示。以前，微控制器的三相PWM输出、电流检测A–D转换是通过硬件自动实现的。只要用程序完成初始设置，之后硬件便自动进行处理。

但是，除此以外的运算及启动设置等全部需要软件处理。其处理时间，工作于40MHz的32位微控制器大约需要40μs。每个PWM周期都要进行这种处理。

如图6.2所示，在PWM的任意位置开始A–D转换，A–D转换结束时开始软件上的电机处理。所有计算结束后，设置下一个PWM脉宽（占空比），电机处理结束。

这样，电机处理按PWM周期实施。在对电机噪声敏感的应用中，PWM频率使用高于可听范围的16kHz。PWM的操作频率为62.5μs，矢量控制需要的40μs为其64%。

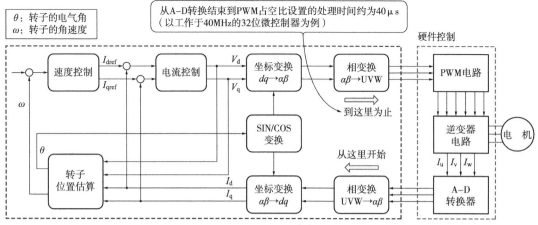

图 6.1 矢量控制的基本流程和传统微控制器的控制负担[1]

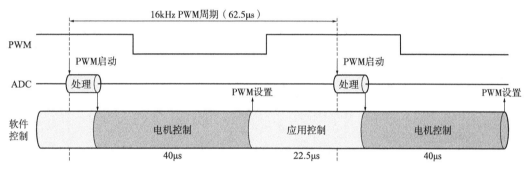

图 6.2 PWM 周期和电机处理时间

进行矢量控制的微控制器，是工作于40MHz以上的32位微控制器，具备这种处理能力。最近，工作于40MHz以上的高速微控制器也变得便宜了，可以轻松采用。

但是，如图6.3所示，高速运行的微控制器的消耗电流及噪声会变大。即使用软件进行矢量控制，消耗电流也有增大的倾向。结果是需要大容量的电源，这对产品的消耗电流也有影响。

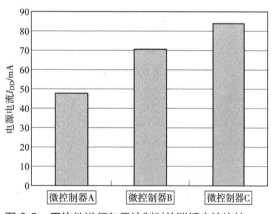

图 6.3 用软件进行矢量控制时的消耗电流比较

■ 软件矢量控制的难度高

传统的矢量控制都是通过软件实现的。采用矢量控制时，要学习矢量控制原理，并将它转化为软件。最近，因微控制器厂商提供样例软件，这一情况得到了少许改善。但是，编程的难度极高，成了采用矢量控制的阻碍。

难度高的一个原因是定点数运算。对于使用高性能CPU的微控制器，浮点数运算自然是没问题的。但是，便宜的32位微控制器由于变量长度的限制（32位），及没有安装协处理器（浮点数运算处理装置），常常需要进行定点数运算。

如图6.4所示，定点数的乘除法及三角函数运算，让编程变得困难。

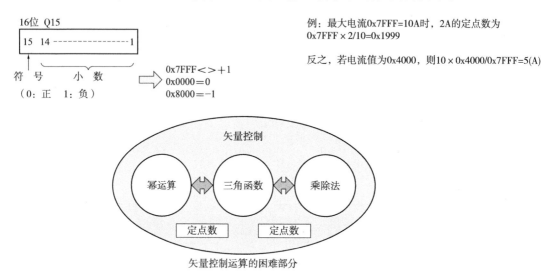

图 6.4　控制运算的困难部分

6.2　矢量引擎电机控制器的规格

■ 32 位微控制器 TMPM370

为了解决矢量控制软件方面的困难，这里使用搭载矢量引擎的32位微控制器TMPM370。

TMPM370的内部结构方框图如图6.5所示。

TMPM370的主要特点如下：

- ·搭载矢量引擎
- ·可控制2个电机
- ·内置相电流测量用的运算放大器、比较器，可减少外部元器件
- ·采用ARM Cortex-M3内核，可以利用ARM标准开发环境
- ·采用5V单电源（模拟输入电压范围为0～5V）

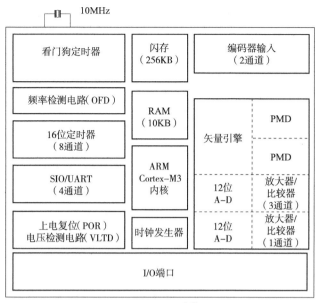

图6.5 TMPM370 的内部方框图[2]

■ 无刷直流电机矢量控制的一般结构

无刷直流电机矢量控制的一般结构如图6.6所示。其中，

·输出控制（PWM生成、死区时间控制）

·触发生成

·输入处理（相电流、电压值的A–D转换输入）

等，通常作为电机控制微处理器的外围电路，进行硬件处理。

内置矢量引擎的TMPM370通过加入部分矢量控制处理来轻减软件处理负担。加入的是下列5种处理：

·进行矢量控制的基本处理（坐标变换、相变换、sin/cos运算）

·电机控制电路（PMD）和A–D转换器（ADC）的接口处理（输出控制、触发生成、输入处理）

·PI控制（电流控制）

·转速与PWM周期积分的相位插值（sin/cos运算）

·使用电流、电压、转速最大值进行归一化的值的运算处理

■ TMPM370 矢量控制的结构和效果

TMPM370矢量控制的结构如图6.7所示。

·输出控制电路（PWM生成、死区时间控制）

·触发生成电路

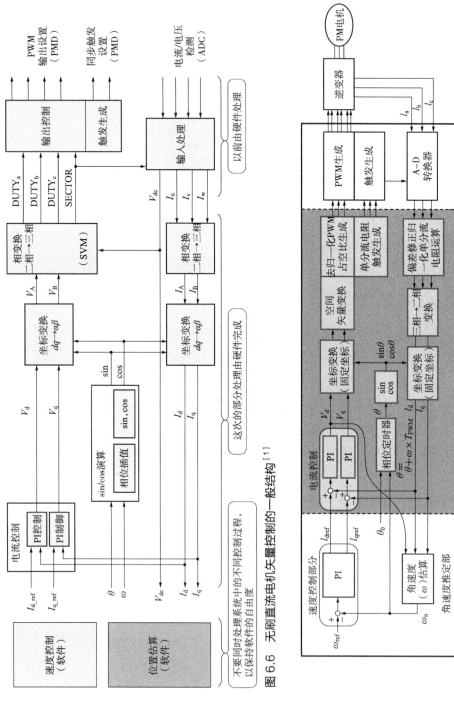

图 6.6 无刷直流电机矢量控制的一般结构[1]

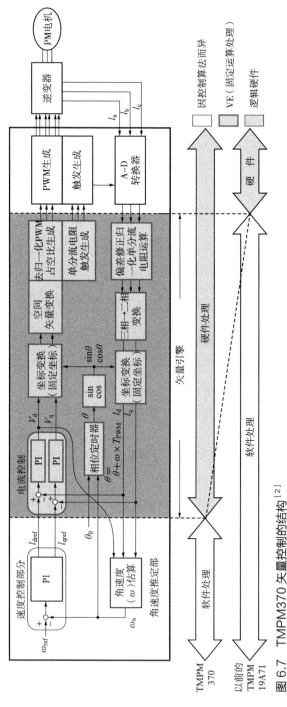

图 6.7 TMPM370 矢量控制的结构[2]

·输入处理电路（相电流、电压值A–D转换输入）

这些以前的外围输入/输出功能，全部由软件处理。

在TMPM370矢量控制处理中，仅改变参数即可处理的部分由硬件完成：

·二相→三相变换

·三相→二相变换

·$dq→\alpha\beta$坐标变换

·$\alpha\beta→dq$坐标变换

·sin/cos运算处理

·电流控制PI

采用硬件实现的矢量控制的处理时间见表6.1。软件处理时间为5.0μs，硬件处理时间为9μs，合计14μs，有所缩短。

表6.1　由硬件进行电机控制处理，以减轻CPU负担[3]

处理内容	使用矢量引擎的控制	软件控制
硬件处理时间	9μs	—
软件（CPU）处理时间	5.0μs	18.0μs
合　计	14.0μs	18.0μs

* 以东芝例程为例。

和仅采用CPU的处理时间相比较，全部由软件实现的矢量控制所需时间从18.0μs变为5.0μs，速度提高了3倍以上。这缩短的13.0μs，CPU可以用于其他处理。

■ 矢量控制的硬件结构

如图6.8所示，矢量引擎与电机控制电路（PMD）、A–D转换器（ADC）相配合，控制电机。电机控制电路根据矢量引擎传递的各相PWM数据形成PWM脉冲波形。

通电控制和保护控制、死区时间控制电路生成三相驱动脉冲（X0，Y0，Z0，U0，V0，W0），还生成获取各相电流值的同步触发。

TMPM370具备2组电机控制电路（PMD）、2组A–D转换器单元，矢量引擎与这些电路相配合，可以同时控制2个电机。

■ 矢量引擎的结构和进程器的任务处理

图6.9给出了TMPM370的矢量引擎的结构。矢量引擎根据表6.2中的9个任务组合的进程（图6.10）进行硬件处理。表6.3是进程一览表，图6.11展示了进程处理的过程。

如表6.4所示，任务是根据寄存器设置值对输入数据进行硬件处理并输出的处理单位。进程器是执行由任务组成的进程的硬件处理机构，独立于CPU运行。

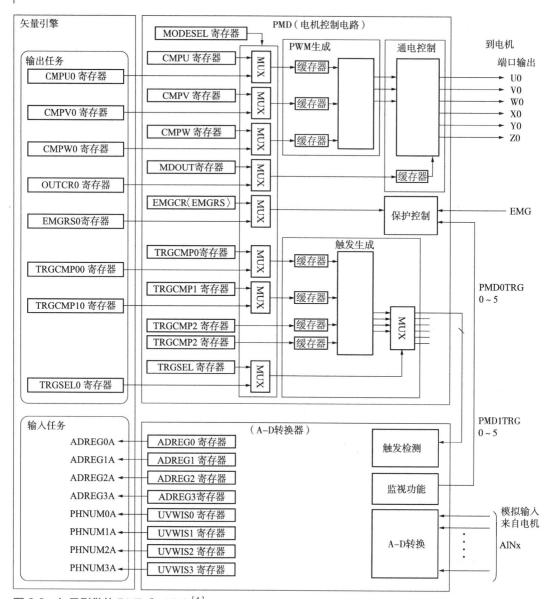

图 6.8　矢量引擎的 PMD 和 ADC [1]

　　图6.12是按时间轴显示的矢量引擎和CPU、PMD（电机控制电路）、ADC（A-D转换器）的动作顺序，简要表示了CPU和矢量引擎的进程器为生成最下面的PWM波形（PWMU、PWMV、PWMW）而进行的处理。在软件处理以外的时间，CPU可以进行其他处理。

　　TMPM370内部的CPU、矢量引擎、电机控制电路（PMD）、ADC（A-D转换器）之间的关系如图6.13所示。CPU和各功能模块之间的处理使用了100个以上的寄存器。

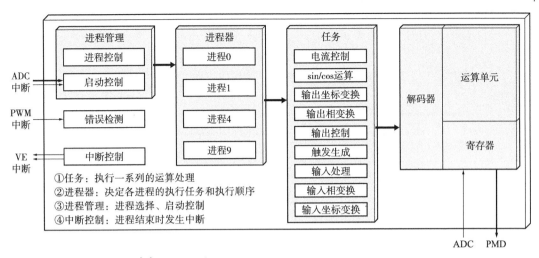

图 6.9　矢量引擎的结构[1]

表 6.2　任务一览[1]

	任 务	任务功能
1	电流控制	dq 电流控制
2	sin/cos 运算	正弦 / 余弦运算，相位插值
3	输出坐标变换	dq 坐标变换为 $\alpha\beta$ 坐标
4	输出相变换	二相变换为三相
5	输出控制	PMD 设置数据转换，PMD 位移切换
6	触发生成	同步触发时序生成
7	输入处理	获取 A–D 转换结果，定点数的数据转换
8	输入相变换	三相变换为二相
9	输入坐标变换	$\alpha\beta$ 坐标变换成 dq 坐标

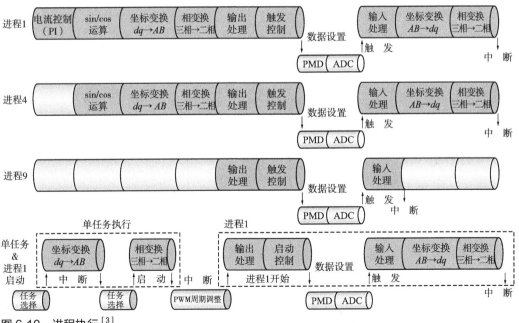

图 6.10　进程执行[3]

表6.3 进程一览[3]

进程选择	输出进程						输入进程		
	电流控制	sin/cos 运算	输出坐标变换	输出相变换	输出控制	触发生成	输入处理	输入相变换	输入坐标变换
进程0	*	*	*	*	*	*	*	*	*
进程1	←——————————————————————————————→								
进程4	—	←——————————————————————————→							
进程9	—	—	—	—	←———————————→		—	—	—

* 仅执行指定任务。

表6.4 各任务的控制设置[3]

任务名称		输 入	输 出	设置寄存器
电流控制	d 轴 PI 控制	d 轴电流 d 轴电流指令	d 轴电压	d 轴比例增益，d 轴积分增益
	q 轴 PI 控制	q 轴电流 q 轴电流指令	q 轴电压	q 轴比例增益，q 轴积分增益
sin/cos 运算	相位插值	相位、速度	相 位	相位插值允许/禁止，插值周期（PWM 周期）设置
	sin/cos		sin/cos	无
输出坐标变换（逆 Park）		d/q 电压	α/β 电压	无
输出相变换（SVM）		α/β 电压	U/V/W 电压	调制方式选择（二相调制/三相调制）
输出控制		U/V/W 电压	U/V/W PMD 设置	PWM 输出：位移控制使能/禁止，切换速度设置
触发生成		CMP U/V/W	TRGCMP 0/1 PMD 设置	电流检测：方式选择（1=单分流电阻，3=三分流电阻）双通道 ADC 同时采样选择
输入处理		A-D 转换结果	归一化电流/电压 I_u/I_v/I_w/V_{dc}	
输入相变换（Clarke）		U/V/W 电流	α/β 电流	无
输入坐标变换（Park）		α/β 电流	d/q 电流	无

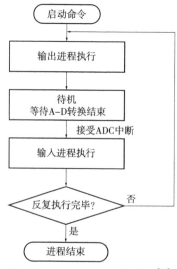

图6.11 TMPM370 的进程[3]

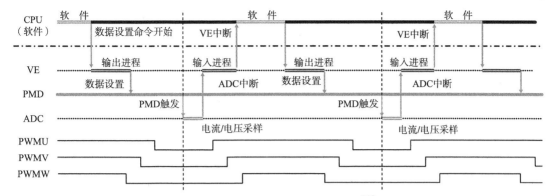

图 6.12　矢量引擎和 CPU/PMD/ADC 的动作迁移（三分流电阻）[1]

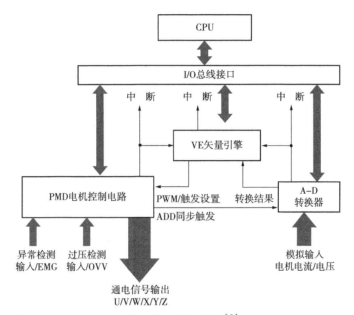

图 6.13　TMPM370 的电机控制方框图[3]

矢量引擎的寄存器分为特殊寄存器和专用寄存器。

·矢量引擎控制寄存器：矢量引擎控制用寄存器和暂存器

·通用寄存器：各通道共用的寄存器

·专用寄存器：各通道的运算数据及运算控制寄存器

■ 内置运算放大器、比较器

如图6.14所示，以前外置的运算放大器、比较器电路也内置了。这可以节省元器件成本、实际安装空间及成本。

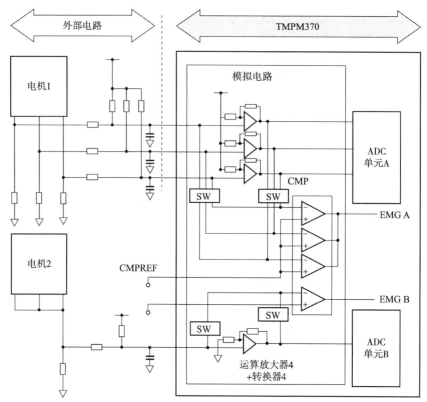

图 6.14 TMPM370 内部模拟电路[2]

参考文献

［1］東芝マイクロエレクトロニクス㈱. ベクトル・エンジン説明資料 . 2009.

［2］㈱東芝セミコンダクター & ストレージ社 . http://www.semicon.toshiba.co.jp/index.html.

［3］㈱東芝セミコンダクター & ストレージ社 . 32 ビット RISC マイクロコントローラ TX03 シリーズ TMPM370FYDFG/FG データシート（第 2 版）. 2010.

第 7 章　无刷直流电机矢量控制编程

—— 了解内置矢量引擎的微控制器 TMPM370

〔日〕石乡冈伸行　江崎雅康

7.1　矢量控制的软件开发环境和无刷直流电机控制流程

■　面向 TMPM370 的无刷直流电机矢量控制程序

无刷直流电机矢量控制需要高级软件技术，如定点数运算处理等。考虑到运算的困难，需要精通无刷直流电机的工作原理，结合矢量控制技术的目标电机来确定参数。

搭载矢量引擎的微控制器TMPM370，可以减轻这种负担。但是，这种编程能力也不是毫无电机控制经验的程序员能在一两周内掌握的。对于矢量控制的初学者，不得不说开发负担极大。

因此，厂商面向TMPM370开发者准备了例程。本章主要介绍例程的概要。

■　例程的开发环境

该程序以某种特定的电机在特定的电路上运行为前提，其软件开发环境（示意图）如图7.1所示，实物如图7.2所示。

中间的大板是TMPM370参考板（PMD2-INV），左边是TMPM370评估板。这个参考板是可以驱动12~24V电机的矢量控制驱动板。电机是10W左右的小型无刷直流电机。

JTAG调试器是IAR公司的J-Link。例程基于IAR公司的综合开发环境EWARM。

左边的CPU板仅搭载了CPU和外围电路，以及隔离型JTAG接口电路，IAR公司将其作为评估套件（TMPM370-SK）销售。使用这种芯片开发矢量控制系统，从评估套件到电机驱动电路、电流检测电路、无刷直流电机，都要另外付费购买。

下一章介绍的"TMPM370无刷直流电机开发平台"，是考虑到使用TMPM370

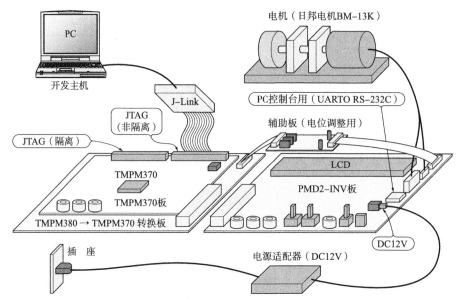

图 7.1　样例软件（矢量控制程序）的软件开发环境（概念图）
样本软件通过 TMPM370 和 PMD2-INV 板进行动作确认

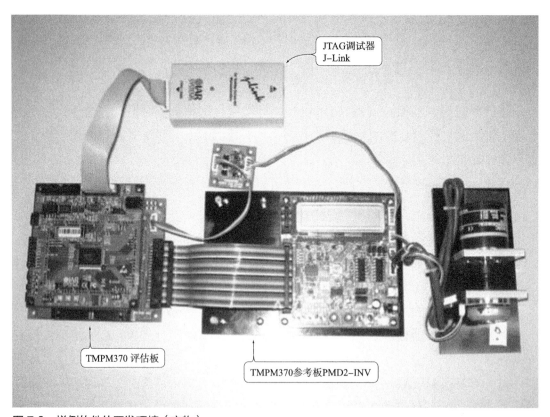

图 7.2　样例软件的开发环境（实物）

芯片开始矢量控制机器的便利性，在厂商的帮助下开发出来的。虽然是12V的低电压驱动，但笔者认为在开发的第一阶段会起到作用。

■ 无刷直流电机控制流程——从启动到无传感器正常驱动、停止

将厂商提供的矢量控制程序作为参考，为了对照开发机器的用途，使用电机、电路开发程序，首先要理解厂商提供程序的概要。

图7.3展示了矢量控制程序的控制流程。电机控制流程由程序管理，图中网状的详细控制由矢量引擎根据进程器执行。

停止状态的电机是不知道转子位置的，经过

- ·定位：电流流入励磁线圈，强制性地将转子固定在初始状态的位置
- ·强制换流：依次向励磁线圈供电，按一定时间强制性地使初始位置的转子旋转。这期间不进行反馈控制

后，

- ·反馈速度控制：进入电流反馈的速度控制（无传感器正常驱动）
- ·制动：减速控制
- ·EMG恢复：从过流、异常检测等紧急停止（EMG）保护状态恢复
- ·停止：电机停止

等的处理也由程序管理，具体的时间控制由矢量引擎执行。

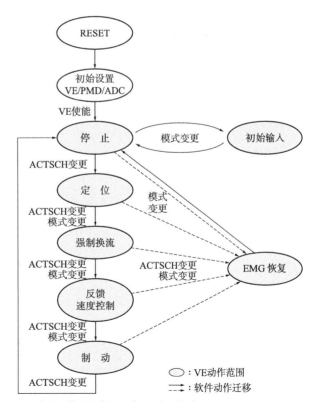

初始设置：用户软件初始设置
停止：电机停止
初始输入：停止时的零电流取样保存
定位：电机启动时的定位控制
强制换流：电机启动时，所定时间内不
　　　　　进行反馈控制，强制运转
反馈速度控制：电流反馈的速度控制
制动：减速控制
EMG恢复：EMG保护状态的复位处理

图7.3　无刷直流电机的控制流程——从启动到无传感器正常驱动、停止
电机控制流程由软件管理，矢量引擎对应各状态用软件执行设置的进程

7.2 矢量控制软件由应用程序、电机控制、电机驱动三阶段构成

矢量控制软件（厂商提供的例程，下同）如图7.4所示，由下列三阶段构成。

① 应用程序：进行用户界面处理。

② 电机控制：通过状态迁移（State Transition）控制电机运行状态（Motor Operation Status）。

③ 电机驱动：直接访问电机驱动电路，进行电机驱动处理。

图7.4 矢量控制软件的结构

应用程序是矢量控制软件从外部接收控制命令的接口。这里是用户通过开关、按键等输入的控制命令。实际应用机器中存在控制系统整体的命令，还有操作面板按键。

另外，应用程序从电机控制系统获取控制信息，进行必要的处理，同时显示到LED等上面。

电机控制是，读取应用程序发出的控制命令，根据电机的动作状态转换为具体的驱动命令，然后传送给电机驱动。此外，从电机驱动获得驱动状态，进行必要的处理并传送给应用程序。

电机驱动是，读取电机控制发出的驱动命令，驱动电机。此外，监视电机的动作，根据其状态进行必要的处理，并将驱动状态传送给电机控制。

应用程序和电机控制在主循环中执行。电机驱动由A–D转换中断启动。

图7.5是一个例子。在电机旋转中，应用程序给出新的控制目标频率时，电机驱动无法应对急剧的目标频率变化，要在电机控制内慢慢转换为变化的驱动目标频率后，传递驱动指令到电机驱动。

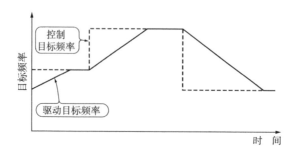

图7.5 控制目标频率和驱动目标频率

7.3　三阶段间的接口是命令和信息

■　应用程序和电机控制间的接口——控制命令和控制状态

● 控制命令

控制命令有以下4种。

① 控制方法（S_com_user）：

·电机的启动、停止

·编码器的有无

```
// Declaration of structure
typedef struct{
…
    UVAR16    F_user_encoder  :1;  /*位置检测方法：0=电流，1=编码器*/
    UVAR16    F_user_onoff    :1;  /*电机启动指令  0=off, 1=on*/
    }T_ComUser;
    T_ComUser S_com_user;
```

应用程序中，S_com_user用于控制指令设置。

② 控制目标频率：

```
T_32Q31 S_omega_user; /* ［Hz/maxHz］ OMEGA指令，归一化的31位定点
```
数数据*/

应用程序中，S_omega_user用于控制目标频率设置。

③ 始动电流

```
T_16Q15 S_Id_st_user; /* ［A/maxA］ d-轴启动电流指令，归一化的15位
```
定点数数据*/

```
T_16Q15 S_Iq_st_user; /* ［A/maxA］ q-轴启动电流指令，归一化的15位
```
定点数数据*/

应用程序中，S_Id_st_user和S_Iq_st_user用于启动电流指令设置。

④ 定位

```
UVAR16 S_Initp_time_user; /*定位期间*/
```

应用程序中，S_Initp_time_user（sec）用于定位期间设置。

● 控制状态

控制状态用于反映控制结果（S_State），但目前没有安装。

■ 电机控制和电机驱动间的接口——驱动命令和驱动信息

● 驱动命令

驱动命令如下（表7.1）。

表 7.1 电机驱动命令

R_command	theta	omega	current	onoff
Stage				
Stop	0	0	0	0
InitPosition	0	0	0	1
Forced	1	0	0	1
Change_up	1	1	0	1
Steady	1	1	1	1

① 驱动方法（R_cmmand）：

```
struct{
    UVAR16  reserve       :7;  /*保留*/
    UVAR16  F_comm_modul  :1;  /*PWM调制方式：0=二相，1=三相*/
    UVAR16  F_comm_theta  :1;  /*θ的确定方法：0=指令值，1=ω的计算值*/
    UVAR16  F_comm_omega  :1;  /*ω的确定方法：0=指令值，1=估算值*/
    UVAR16  F_comm_current:1;  /*电流的确定方法：0=指令值，1=速度控制*/
}R_command;
```

应用程序通过R_command控制电机，按表7.1设置各阶段的电机驱动命令（R_command），对电机驱动下达指令。

- F_comm_theta 在转子位置估算中，1表示由估算值确定转子位置θ，0表示由指令值确定转子位置。
- F_comm_omega 在转子位置估算中，1表示由估算值确定角速度ω，0表示由指令值确定角速度。
- F_comm_current 在频率控制中，对d、q轴电流基准值的计算方法下达指令。1表示将通过速度偏差的PI控制求得的值作为基准值；0表示不进行PI控制，直接将指令值作为基准值。
- F_comm_onoff 对电机动作指令的ON、OFF下达指令。1表示ON。

② 驱动目标频率：

```
T_32Q31 R_omega_com;
/* ［Hz/maxHz］ω指令值（电气角速度），归一化的31位定点数数据*/
```

● 驱动信息

①驱动结果：

```
typedef union {
  UVAR16      half;
  UVAR8       byte[2];
  HNIBLE_FIELD nibble;
  HALF_FIELD   bit;
} HALF;
  HALF          R_state;      /*控制（异常状态）结果*/
  R_state.bit.b0           /*0：正常（负载），1：超载状态*/
  R_state.bit.b1           /*0：正常（紧急），1：紧急状态（软件）*/
  R_state.bit.b2           /*0：正常（Vdc），1：Vdc过大状态*/
```

②输出频率：

```
T_32Q31 R_omega; /* [Hz/maxHz] ω（电气角），归一化的31位定点数数据*/
```

③转矩电流：

```
T_16Q15 R_Iq; /* [A/maxA] q-轴（转矩）电流，归一化的15位定点数数据*/
```

④直流电压：

```
T_16Q15 R_Vdc; /* [V/maxV] 直流电压，归一化的15位定点数数据*/
```

7.4　应用程序函数、电机控制函数、电机驱动函数

矢量控制程序中使用的主要模块（函数）如图7.6所示，总体的处理流程如图7.7所示。下面对应用程序、电机控制、电机驱动的各处理中用到的函数进行说明。

■ 应用程序函数

应用程序是通过main函数及主循环内调用的以下函数实现的。
· 开关、按键输入函数（B_User_Control）

■ 电机控制函数

电机控制处理通过main函数的主循环调用下列函数实现，电机动作通过图7.8所示的停止、定位、强制换流、强制→正常切换、正常、保护间的状态迁移进行控制。

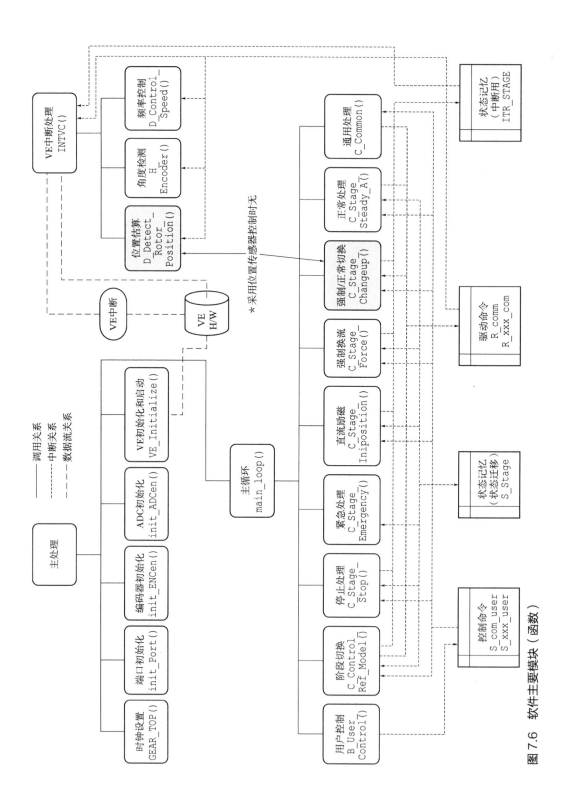

图 7.6 软件主要模块（函数）

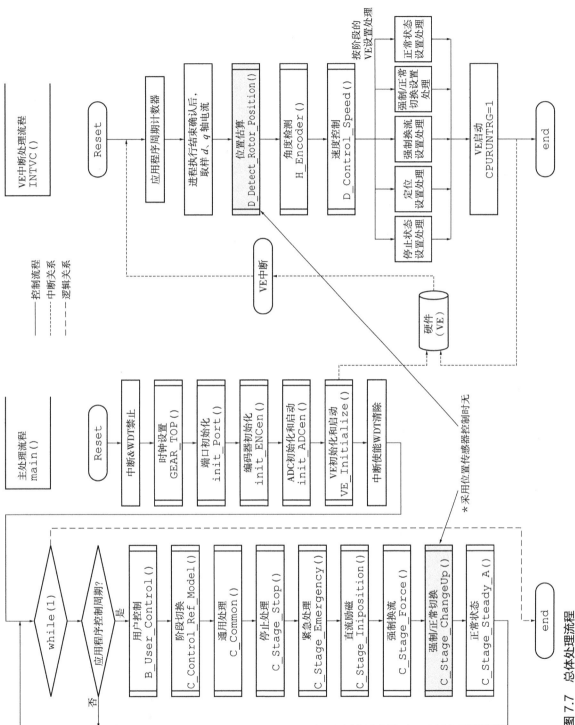

图 7.7　总体处理流程

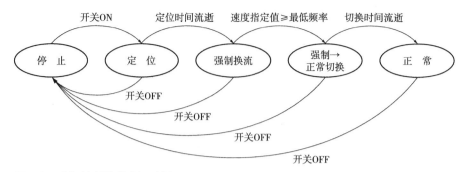

图 7.8 电机控制的状态迁移图

主阶段的电机动作开始指令按定位（Initpositon）、强换换流（Force）、强制→正常切换（Change_up）、正常（Steady_A）的顺序转移。

辅助阶段从 Step0 到 StepEnd，StepEnd 后转移到主阶段，又从 Step0 开始。另外，检测到电机异常时，转移到保护停止 Emergency。

● 状态迁移处理函数（C_Control_Ref_Model）

监视应用程序发出的控制命令及当前状态，执行图 7.7 所示的状态迁移。各状态可进一步细分为子状态。子状态的迁移不由状态迁移处理函数执行，而是在各状态的处理函数内执行。

● 电机控制通用处理函数（C_Common）

对电机控制的各状态执行通用处理。

● 停止状态函数（C_Stage_Stop）

让电机停止（停止 PWM 输出）。停止中可以执行以下动作。

·零电流检测

● 定位状态函数（C_Stage_Initopsition）

见表 7.2，用于将转子固定在初始位置（$\theta=0$）。即 θ 固定于初始位置，ω 固定于 0，I_q 固定于 0，让 I_d 从 0 开始渐渐增大。

表 7.2　定位状态函数（C_Stage_Initposition）

名　称	意　义	Q 格式	单　位
R_command	驱动命令	Q0	—
S_Initp_time_user	定位时间	Q0	* MainLoopPrd(s)
S_Stage_counter	阶段计数器	Q0	* MainLoopPrd(s)
S_Id_st_user	始动电流	Q15	A/A_Max
R_Id_com	d 轴电流指令值	Q31	A/A_Max
R_Iq_com	q 轴电流指令值	Q31	A/A_Max
R_omega_com	角速度指令值	Q15	Hz/Hz_Max
R_theta_com	电气角指令值	Q0	最大值电气角 360°
S_lambda_user	初始位置	Q0	最大值电气角 360°

该处理在定位时间内持续进行，最终I_d变为初始I_d。定位时间和初始I_d决定了单位时间的I_d增大量。

定位状态被分为以下子状态进行控制。

　·初始状态：进行定位状态的初始设置。

　·I_d增大状态：慢慢增大I_d到设置值。

● 强制换流状态函数（C_Stage_Force）

见表7.3，转子开始旋转。但是，在此阶段不进行矢量控制反馈处理，而是强制性地施加旋转磁场，使转子旋转。

I_d固定于初始I_d，I_q固定于0，慢慢增大ω。由ω可以求得θ。这个处理会持续到ω达到最小频率。

按一定值增大驱动目标频率，让其接近控制目标频率。驱动目标频率为ω。

表7.3　强制换流状态函数（C_Stage_Force）

名　称	意　义	Q格式	单　位
R_command	驱动命令	Q0	—
S_Id_st_user	始动电流	Q15	A/A_Max
R_Id_com	d轴电流指令值	Q31	A/A_Max
R_Iq_com	q轴电流指令值	Q31	A/A_Max
R_omega_com	角速度指令值	Q15	Hz/Hz_Max
Hz_Min	最低频率	Q0	Hz
S_sp_ud_lim_f_user	角速度增减限制值	Q31	Hz/Hz_Max/s

● 强制→正常切换状态函数（C_Stage_Change_up）

见表7.4，逐渐将I_d减小到0的同时，将I_q逐渐增大至初始I_q，使磁场的方向与转子呈直角。也就是让其产生转矩分量。ω、θ通过位置估算求取。

按一定值增大驱动目标频率，让其接近控制目标频率。但是，在此阶段不进行频率控制，所以驱动目标频率不用于控制。固定I_d、I_q，继续强制→正常切换时间的处理。

表7.4　强制→正常切换状态函数（C_Stage_Change_up）

名　称	意　义	Q格式	单　位
R_command	驱动命令	Q0	—
S_Stage_counter	阶段计数器	Q0	ms
S_lambda_cal	角速度计算值	Q0	最大值电气角360°
S_Id_st_user	始动电流	Q15	A/A_Max
R_Id_com	d轴电流指令值	Q31	A/A_Max
R_Iq_com	q轴电流指令值	Q31	A/A_Max
R_omega_com	角速度指令值	Q15	Hz/Hz_Max
S_sp_ud_lim_f_user	角速度增减限制值	Q31	Hz/Hz_Max/s

强制→正常切换状态分为以下子状态进行控制。

- ·初始状态：进行强制→正常切换状态的初始设置。
- ·I_d、I_q切换状态：让I_d逐渐减小到0，同时让I_q逐渐增大到指定值。增大及减小的曲线不是线性的，而是接近三角函数曲线。
- ·等待时间流逝状态：等待指定的强制→正常切换时间流逝，迁移到正常状态。

● 正常状态函数（C_Stage _Steady _A）

见表7.5，执行正常状态的处理。按一定值增大驱动目标频率，让其接近控制目标频率。

表7.5　正常状态函数（C_Stage_Steady_A）

名　称	意　义	Q格式	单　位
R_command	驱动命令	Q0	—
R_Id_com	d轴电流指令值	Q31	A/A_Max
R_omega_com	角速度指令值	Q31	Hz/Hz_Max
S_omega_user	角速度目标值	Q31	Hz/Hz_Max
S_sp_up_lim_S_user	角速度增大限制值	Q31	Hz/Hz_Max/s
S_sp_dn_lim_S_user	角速度减小限制值	Q31	Hz/Hz_Max/s

● 保护状态函数（C_Stage _Emergency）

检测到过流时迁移到电流保护，电机驱动输出u、v、w、x、y、z全部变为OFF。直到重置信号输入处理器，一直维持这个阶段。

■ 电机驱动函数

对于软件控制，电机驱动函数中除了以下将说明的转子位置估算函数、频率控制函数，还有电流计算函数、电流控制函数、电压输出函数，这些被用于PWM中断或AD中断功能。但是，本软件中使用了图7.9所示的矢量引擎（VE），所以没有这些

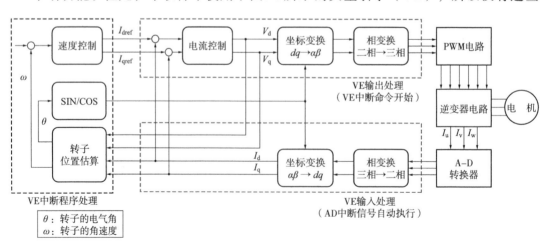

图 7.9　矢量引擎的控制方框图

函数。取而代之的是，VE中断功能包含了按状态设置/启动VE的程序。

● **VE 中断函数（INTVCA）**

获取VE输入处理的结果（I_q、I_d、V_{dc}），并传递给转子位置推断函数。频率控制函数结束后，根据状态设置各数值，启动VE输出处理。按照状态设置内容如下。

· 停止：

输出停止

VE进程：9

OMEGA0 = 0x0;

ID0 = 0x0;

IQ0 = 0x0;

VD0 = 0x0;

VQ0 = 0x0;

VDIH0 = 0x0;

VDILH0 = 0x0;

VQIH0 = 0x0;

VQILH0 = 0x0;

IDREF0 = 0x0;

IQREF0 = 0x0;

THETA0 = 0x0;

· 定位：

输出开始

VE进程：1

OMEGA0 = 0x0;

IDREF0 = Id 命令值

IQREF0 = 0x0;

THETA0 = 0x0;

· 强制换流：

输出开始

VE进程：1

IDREF0 = Id 命令值

IQREF0 = 0x0;

THETA0 = Theta 计算值

· 强制→正常切换：

　　　　输出开始

　　　　VE进程：1

　　　　IDREF0 = Id 指令值

　　　　IQREF0 = Iq 指令值

　　　　THETA0 = Theta 计算值

　　・正常：

　　　　输出开始

　　　　VE进程：1

　　　　IDREF0 = Id 指令值

　　　　IQREF0 = Iq 指令值

　　　　THETA0 = Theta 计算值

● **转子位置估算函数（D_Detect_Rotor_Position）**

　　如图7.10所示，无传感器控制需要这个函数。采用位置传感器的控制，需要角度检测函数（H_Encoder）。

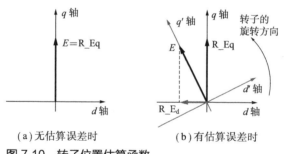

（a）无估算误差时　　　　（b）有估算误差时

图7.10　转子位置估算函数

　　转子位置估算是，将转子位置估算值误差产生的d轴感应电压变为0，计算角速度，由角速度估算当前的转子位置。

　　图7.10（a）是无估算误差，感应电压$E = R\_Eq$的状态。图7.10（b）是感应电压E相对q轴偏移，R_Ed不为0的状态。转子朝箭头方向旋转时，相对于实际的d、q（转子位置），d'、q'在前进。这时，降低角速度可以调整偏差（R_Ed）为0。

$$E_d = V_d - R \times I_d + \omega_{est} \times L_q \times I_q$$

$$\theta_n = \theta_{n-1} + T_s \times \omega_{est}$$

式中，E_d为d轴感应电压；V_d为d轴外加电压；I_d、I_q为d轴，q轴电流；ω_{est}为估算频率；R为转子线圈电阻；L_q为q轴转子线圈电感；T_s为控制周期；θ为转子位置。

　　・d轴感应电压（表7.6）：d轴感应电压E_d可以通过d轴相关的等效电路方程求得。

$$E_d = V_d - R \times I_d + \omega_{est} \times L_q \times I_q$$

表7.6　*d*轴感应电压

名　称	意　义	Q格式	单　位
R_Ed	*d*轴感应电压	Q15	V/V_Max
R_R_temp32	E_d 电阻分量	Q31	V/V_Max
R_LQ_temp32	E_d 电感分量	Q31	V_V_Max
R_Vd	*d*轴电压	Q31	V/V_Max
Motor_R	电　阻	Q0	Ω
Motor_Lq	电　感	Q0	mH
R_Id	*d*轴电流	Q15	A/A_Max
R_Iq	*q*轴电流	Q15	A/A_Max
R_omega	角速度（ω_{est}）	Q31	Hz/Hz_Max

软件中将其分为电阻分量、电感分量处理。

R_R_temp32 = Motor_R * R_Id

R_LQ_temp32 = R_omega * Motor_Lq * 2 * PI * R_Iq

R_Ed = R_Vd - R_R_temp32 + R_LQ_temp32

・操作量的计算（表7.7）：根据修正R_Ed偏差所需的角速度指令值，计算操作量R_Ed_PI。

表7.7　操作量的计算

名　称	意　义	Q格式	单　位
R_Ed_I	*d*感应电压累计值	Q31	V/V_Max
R_Ed_PI	操作量	Q31	Hz/Hz_Max
R_Ed	*d*轴感应电压	Q15	V/V_Max
Position_Ki	积分增益	Q0	Hz/Vs
CtrlPrd	控制周期	Q0	s
Position_Kp	比例增益	Q0	Hz/V

R_Ed_I = +R_Ed_I + 积分增益（Ki）* R_Ed[①]

R_Ed_PI = R_Ed_I + 比例增益（Kp）* R_Ed

・估算值的计算（表7.8）：通过求得的操作量和当前的速度指令值，求取角速度计算值R_omega_calc。无传感器驱动时，根据角速度计算值求取位置估算值R_theta_32。

表7.8　估算值的计算

名　称	意　义	Q格式	单　位
R_omega_calc	角速度计算值	Q31	Hz/Hz_Max
R_omega_com	角速度指令值	Q31	Hz/Hz_Max
R_theta	位置估算值	Q0	最大值电气角 360°
CtrPrd	控制周期	Q0	s

① 根据转子的旋转方向计算。

$$R\_omega\_calc = R\_omega\_com + R\_Ed\_PI$$

$$R\_theta = R\_theta + R\_omega \times CtrPrd$$

● 频率控制函数（D_Control_Speed）

见表7.9，控制量为输出频率ω，操作量为q轴电流I_q，进行PI控制。根据速度指令值和实际速度偏差，确定d轴和q轴电流基准值。

表7.9 频率控制函数（D_Control_Speed）

名 称	意 义	Q格式	单 位
R_omega_dev	角速度偏差	Q15	Hz/Hz_Max
R_Iq_ref_I	q轴电流基准积分值	Q31	A/A_Max
Speed_Ki	积分增益	Q0	A/Hzs
CtrlPrd	控制周期	Q0	s
R_Iq_ref	q轴电流基准值	Q15	A/A_Max
Speed_Kp	比例增益	Q0	A/Hz
R_Id_ref	d轴电流基准值	Q15	A/A_Max
R_Id_com	d轴电流指令值	Q15	A/A_Max

$$R\_omega\_dev = R\_omega\_com - R\_omega$$

$$R\_Iq\_ref\_I = R\_Iq\_ref\_I\_32 + 积分增益（Ki） * R\_omega\_dev$$

$$R\_Iq\_ref = R\_Iq\_ref\_I + 比例增益（Kp） * R\_omega\_dev$$

$$R\_Id\_ref = R\_Id\_com（d轴电流指令值）$$

7.5 矢量控制软件的详细数据

表7.10为软件源文件一览表，表7.11为主要变量一览表，表7.12为主要参数一览表，表7.13为函数一览表。

表7.10 软件源文件一览表

文件名	大 小		功能说明
	行 数	KB	
CortexM3_SYS.h	75	3	Cortex-M3 核用头文件
D_Driver.c	133	5	电机驱动处理函数
D_Driver.h	33	1	电机驱动处理函数头文件
D_Para.h	53	3	电机驱动相关参数定义头文件
initial.c	449	13	端口、时钟、AD 及 VE 等初始化处理函数
initial.h	30	1	初始化处理函数头文件
interrupt.c	163	6	中断处理函数
interrrupt.h	27	1	中断处理函数头文件
ipdefine.h	796	37	用于端口、时钟、AD 及 VE 等设置的宏定义的头文件
M370_int.c	210	7	TMPM370 中断设置用通用处理函数
M370_int.h	235	16	TMPM370 中断处理处理定义头文件
main.c	372	10	电机驱动应用程序处理

续表7.10

文件名	大 小		功能说明
	行 数	KB	
main.h	93	4	电机驱动应用程序处理头文件
port_def.h	278	12	端口设置用初始值定义头文件
sys_macro.h	199	6	一般（通用）系统宏定义头文件
system_int.c	115	4	TMPM370 中断处理函数
system_int.h	122	4	TMPM370 系统中断函数头文件
tmpm370_sys.c	8	1	（只包含 tmpm370_sys.h）
tmpm370_sys.h	865	28	定义 TMPM370 各 SFR 数据类型的头文件
vector.c	206	9	（例外处理）矢量表单定义文件

表 7.11 主要变量一览表

名 称	说 明	长 度	单 位	备 注
软 件				
M_Main_Counter	主周期时间计数器	16	—	
S_com_user	电机控制指令值	16		
b0：F_user_modul	未使用			
b1-7：reserve	预 留			
b8-11：steady	未使用			
b12-13：start	未使用			
b14：F_user_encoder	编码器指令：1- 使用			
b15：F_user_onoff	电机 ON/OFF 指令：1-ON			
S_com_user_1	上次电机控制指令值		—	
S_omega_user	VE 驱动 _ 旋转指令值	32	Hz/maxHz	设为 1- 电气角频率
S_Id_st_user	始动 d 轴电流指令值	16	A/maxA	
S_Iq_st_user	始动 q 轴电流指令值	16	A/maxA	
S_sp_ud_lim_f_user	VE 驱动 _ 转速加减速限制（强制换流）	32	—	增大限制值
S_sp_up_lim_s_user	VE 驱动 _ 转速加速限制（正常）	32	—	正常增大限制值
S_sp_dn_lim_s_user	VE 驱动 _ 转速减速限制（正常）	32	—	正常减小限制值
S_Initp_time_user	直流励磁时长	16		电机定位时间
S_lambda_user	初始电机位置		deg/360	
S_stage	电机阶段		—	
S_stage_counter	阶段内计数	16	—	
ITR_STAGE	中断处理电机阶段	16		
R_command	命 令	16		
b0：F_comm_onoff	电机 ON/OFF：1-ON			
b1：F_comm_Idetect	未使用			
b2：F_comm_Edetect	由电压进行位置估算：1- 执行			
b3：F_comm_volt	未使用			
b4：F_comm_current	ω PI 计算：1- 执行			
b5：F_comm_omega	R_omega 的确定：1- 计算			
b6：F_comm_theta	R_theta 的确定：1- 计算			

续表 7.11

名 称	说 明	长 度	单 位	备 注
b7: F_comm_encoder	编码器: 1- 使用			
b8: F_comm_module	未使用			
R_omega_com	电机角速度指令值	32	Hz/maxHz	
R_Id_com	d 轴电流指令值	32	A/maxA	
R_Iq_com	q 轴电流指令值	32	A/maxA	
R_theta_com	旋转位置指令值	16	—	机械角
R_state	电机状态	16	—	
b0: F_state_emg_H_	EMG 状态: 1- 保护中			
b1: F_state_emg_I	过流 (I_a–I_c) 状态: 1- 保护中			
b2: F_state_emg_DC	V_{dc} 电压状态: 1- 异常中			
R_Id_ref	d 轴电流基准值	16	A/maxA	
R_Iq_ref	q 轴电流基准值	16	A/maxA	
R_Iq_ref_I	q 轴电流指令值 (积分值)	32	A/maxA	
R_omega	电机角速度	32	Hz/maxHz	
R_omega_I	电机角速度积分值	32	Hz/maxHz	
R_omega_dev	电机角速度偏差	16	Hz/maxHz	
R_theta	电机电气角	32	—	
R_omega_enc	电机角速度	16		根据编码器值计算
R_theta_enc	电机电气角	16		根据编码器值计算
R_EnCnt	编码器计数值	16		代入计数器值
EnCnt1	编码器计数值保存	16		数据保存
R_EnCnt_dev	编码器计数值偏差	16		最新 / 上次数据
R_EncCntdevAve	编码器计数值偏差	16		最新 / 上次数据
硬件 (VE)				
MCTLF0	异常 / 判定结果保持 (未定)	2		有变化
MODE0	任务控制模式	4	—	
TASKAPP	任务指定	8	—	
ACTSCH	动作进程选择	8	—	
OMEGA0	转速 [速度 (Hz) ÷ 最大速度 $\times 2^{15}$]	16		
ID0	d 轴电流 [电流 (A) ÷ 最大电流 $\times 2^{31}$]	32	—	
IQ0	d 轴电流 [电流 (A) ÷ 最大电流 $\times 2^{31}$]	32	—	
VD0	d 轴电压 [电压 (V) ÷ 最大电压 $\times 2^{31}$]	32	—	
VQ0	d 轴电压 [电压 (V) ÷ 最大电压 $\times 2^{31}$]	32	—	
THETA0	电机相位 [电机相位 (deg) /360 $\times 2^{16}$]	16		
IDREF0	d 轴基准值 [电流 (A) ÷ 最大电流 $\times 2^{15}$]	16		
IQREF0	q 轴基准值 [电流 (A) ÷ 最大电流 $\times 2^{15}$]	16		
CPURUNTRG	CPU 启动触发选择	2		
IAADC0	a 相电流 ADC 转换结果	16		
IBADC0	b 相电流 ADC 转换结果	16		
ICADC0	c 相电流 ADC 转换结果	16		
VDC0	直流电源电压 [电压 (V) ÷ 最大电压 $\times 2^{15}$]	16	—	

表 7.12 主要参数一览表

名　称	设置值	单位	说明
软件			
cIMCLK_FRQ	80	MHz	标准时钟
S_Iq_st_user_act	1.5	A	始动 q 轴电流指令值
S_Id_st_user_act	1	A	始动 d 轴电流指令值
cMotor_R	0.566666667	Ω	电机线圈电阻
cMotor_Lq	0.316667	mH	电机 q 轴电感
cMotor_Ld	0.316667	mH	电机 d 轴电感
cMotor_E	0.02404	V	电机感应电压
cPole	8	—	电机极数
cA_Max	16	A	最大输入电流值
cI_Error	4	A	电流误差值
cId_Lim	4	A	d 轴电流限制值
cIq_Lim	4	A	q 轴电流限制值
cMAX_ST_I	8	A	最大始动电流
cPWMPRD	62.5	μs	PWM 周期
cPWMPeriod	cIMCLK_FRQ * cPWMPRD / 2	kHz	PWM 载波频率
cV_MAX	150	V	最大直流电压
cVdc_Lim	40	V	直流电压限制
cHz_MAX	250	Hz	最大频率
cHz_LIMIT	200	Hz	限制频率
cHz_MIN	60	Hz	最小频率
cCtrlPrd	0.000001*cPWMPRM	s	驱动控制期间
cSpeed_Kp	0.08	A/Hz	频率控制比例增益
cSpeed_Ki	0.12	A/Hzs	频率控制比例积分增益
cEncPulseNum	2048	P/R	编码器脉冲数
cEncMultiple	4		脉冲计数器
cFcdUDLim	50	Hz/s	强制换流 加减速限制
cStdUpLim	100	Hz/s	VE 驱动_正常加速限制
cStdDwLim	100	Hz/s	VE 驱动_正常减速限制
cInitLen	1	s	直流励磁时长
cGoUpDelayLen	0（未使用）	s	强制→正常切换后待机时长
cMainLoopPrd	0.001	s	处理间隔（s）
cMainLoopTime	cMainLoopPrd/ (cPWMPRD*0.000001)	—	主函数循环处理
cDEADTIME	1.4	μs	死区时间

备注：以上软件参数基于 M370 Myway 板上的多摩川精机社 TBL-I Series 交流伺服电机（TS4542N1201E900）驱动的参考设置

硬件（PMD、VE 等）			
WBUF_BUS	0	—	通过软件获取 W-BUF 数据的控制参数
WBUF_VE	1	—	通过 VE 自动获取 W-BUF 数据的参数
cMDCR_INI	BIT8(0,0,0,1,0,0,1,1)	—	MDCR 寄存器初始值
cMDOUT_OFF	BIT16(0,0,0,0,0,0,0,0,0,0,0,0,0,0,0,0)	—	MDOUT 寄存器设置值 全波输出 OFF
cMDOUT_ON	BIT16(0,0,0,0,0,1,1,1,0,0,1,1,1,1,1,1)	—	MDOUT 寄存器设置值 全波输出 ON

名　称	设置值	单　位	说　明
cMDOUT_ON1	BIT16(0,0,0,0,0,1,1,1, 0,0,1,1,0,0,1,1)	—	MDOUT 寄存器设置值 仅 V 相 OFF（单分流电阻检测时使用）
cMDOUT_ON2	BIT16(0,0,0,0,0,1,1,1, 0,0,0,0,1,1,1,1)	—	MDOUT 寄存器设置值 仅 W 相 OFF（单分流电阻检测时使用）
cMDOUT_ON3	BIT16(0,0,0,0,0,1,1,1, 0,0,1,1,1,1,0,0)	—	MDOUT 寄存器设置值 仅 U 相 OFF（单分流电阻检测时使用）
cMDOUT_ON4	BIT16(0,0,0,0,0,1,1,1, 0,0,0,0,0,0,0,0)	—	MDOUT 寄存器设置值 上臂 PWM，下臂方波
cMDPOT_OFF	BIT8(0,0,0,0,1,1,0,0)	—	MDPOT 寄存器设置值 非同步设置
cMDPOT_ON	BIT8(0,0,0,0,1,1,1,1)	—	MDPOT 寄存器设置值 CNT=1 或 MDPRD 同步设置
cMDPOT_ON1	BIT8(0,0,0,0,1,1,1,1)	—	MDPOT 寄存器设置值 CNT=1 或 MDPRD 同步设置
cMDPOT_ON2	BIT8(0,0,0,0,1,1,1,1)	—	MDPOT 寄存器设置值 CNT=1 或 MDPRD 同步设置
cMDPOT_ON3	BIT8(0,0,0,0,1,1,1,1)	—	MDPOT 寄存器设置值 CNT=1 或 MDPRD 同步设置
cMDPOT_ON4	BIT8(0,0,0,0,1,1,1,0)	—	MDPOT 寄存器设置值 CNT=MDPRD 同步设置
cTRG_1SHUNT0	BIT16(0,0,0,0,0,1,0,0, 1,0,0,1,1,0,0,1)	—	TRGCR 寄存器设置值（单分流电阻） TRG0: 下降沿，TRG1:下降沿， TRG2: 波峰
cTRG_1SHUNT1	BIT16(0,0,0,0,0,1,0,0, 1,0,1,0,1,0,0,1)	—	TRGCR 寄存器设置值（单分流电阻） TRG0: 下降沿，TRG1:下降沿， TRG3: 波峰
cTRG_3SHUNT	BIT16(0,0,0,0,0,0,0,0, 0,0,0,0,0,1,0,0)	—	TRGCR 寄存器设置值（三分流电阻） TRG0: 波峰
cEMG_ENA	BIT16(0,0,0,0,0,0,0,0, 0,0,1,1,1,0,0,1)	—	EMGCR 寄存器设置值 使能 EMG
cEMG_DIS	BIT16(0,0,0,0,0,0,0,0, 0,0,1,1,1,0,0,0)	—	EMGCR 寄存器设置值 禁用 EMG
cEMG_Release	BIT16(0,0,0,0,0,0,0,0, 0,0,0,0,0,0,1,0)	—	EMGCR 寄存器设置值 释放 EMG
cOVV_ENA	BIT16(0,0,0,0,0,0,0,0, 0,1,1,1,1,1,0,1)	—	OVVCR 寄存器设置值 使能 OVV
cOVV_DIS	BIT16(0,0,0,0,0,0,0,0, 0,0,0,0,0,0,0,0)	—	OVVCR 寄存器设置值 禁用 OVV
cOVV_Release0	BIT16(0,0,0,0,0,0,0,0, 0,0,0,0,0,0,0,0)	—	OVVCR 寄存器设置值 释放 OVV 设置 0
cOVV_Release1	BIT16(0,0,0,0,0,0,0,0, 0,0,0,0,0,0,1,0)	—	OVVCR 寄存器设置值 释放 OVV 设置 1
ioMODEREGIn	0x3	—	VE MODEREG 寄存器设置值 VE 使用 −0x3，VE 未使用 −0x0
ioVEENIn	0x1	—	VE VEEN 寄存器设置值
ioTASKAPPIn	0x0	—	VE TASKAPP 寄存器设置值
ioACTSCHIn	0x9	—	VE ACTSCH 寄存器设置值
ioREPTIMEIn	0x1	—	VE REPTIME 寄存器设置值
ioTRGMODEIn	0x0	—	VE TRGMODE 寄存器设置值
ioERRINTENIn	0x1	—	VE ERRINTEN 寄存器设置值

名　称	设置值	单　位	说　明
ioCOMPENDIn	0x0	—	VE COMPEND 寄存器设置值
ioERRDETIn	0x0	—	VE ERRDET 寄存器设置值
ioSCHTASKRUNIn	0x0	—	VE SCHTASKRUN 寄存器设置值
ioTMPREG0In	0x0	—	VE TMPREG0 寄存器设置值
ioTMPREG1In	0x0	—	VE TMPREG1 寄存器设置值
ioTMPREG2In	0x0	—	VE TMPREG2 寄存器设置值
ioTMPREG3In	0x0	—	VE TMPREG3 寄存器设置值
ioTMPREG4In	0x0	—	VE TMPREG4 寄存器设置值
ioTMPREG5In	0x0	—	VE TMPREG5 寄存器设置值
ioCPURUNTRGIn	0x1	—	VE CPURUNTRG 寄存器设置值
ioMCTLF0In	0x0	—	VE Ch0 MCTLF0 寄存器设置值
ioMODE0In	0x0	—	VE Ch0 MODE0 寄存器设置值
ioFMODE0In	0x0	—	VE Ch0 FMODE0 寄存器设置值
ioTPWM0In	(UVAR16)(65536* cHz_MAX*0.000125)	—	VE Ch0 TPWM0 寄存器设置值
ioOMEGA0In	0x0	—	VE Ch0 OMEGA0 寄存器设置值
ioTHETA0In	0x0	—	VE Ch0 THETA0 寄存器设置值
ioIDREF0In	0x0	—	VE Ch0 IDREF0 寄存器设置值
ioIQREF0In	0x0	—	VE Ch0 IQREF0 寄存器设置值
ioVD0In	0x0	—	VE Ch0 VD0 寄存器设置值
ioVQ0In	0x0	—	VE Ch0 VQ0 寄存器设置值
ioCIDKI0In	0x0	—	VE Ch0 CIDKI0 寄存器设置值
ioCIDKP0In	0x0	—	VE Ch0 CIDKP0 寄存器设置值
ioCIQKI0In	0x0	—	VE Ch0 CIQKI0 寄存器设置值
ioCIQKP0In	0x0	—	VE Ch0 CIQKP0 寄存器设置值
ioVDIH0In	0x0	—	VE Ch0 VDIH0 寄存器设置值
ioVDILH0In	0x0	—	VE Ch0 VDILH0 寄存器设置值
ioVQIH0In	0x0	—	VE Ch0 VQIH0 寄存器设置值
ioVQILH0In	0x0	—	VE Ch0 VQILH0 寄存器设置值
ioFPWMCHG0In	0x0	—	VE Ch0 FPWMCHG0 寄存器设置值
ioVMDPRD0In	0x0	—	VE Ch0 VMDPRD0 寄存器设置值
ioMINPLS0In	0x0	—	VE Ch0 MINPLS0 寄存器设置值
ioTRGCRC0In	0x0	—	VE Ch0 TRGCRC0 寄存器设置值
ioVDCL0In	(T_16Q15)(FIXPOINT_15 *cVdc_Lim/cV_MAX)	—	VE Ch0 VDCL0 寄存器设置值
ioCOS0In	0x0	—	VE Ch0 COS0 寄存器设置值
ioSIN0In	0x0	—	VE Ch0 SIN0 寄存器设置值
ioCOSM0In	0x0	—	VE Ch0 COSM0 寄存器设置值
ioSINM0In	0x0	—	VE Ch0 SINM0 寄存器设置值
ioSECTOR0In	0x0	—	VE Ch0 SECTOR0 寄存器设置值
ioSECTORM0In	0x0	—	VE Ch0 SECTORM0 寄存器设置值
ioIA00In	0x0	—	VE Ch0 IAO0 寄存器设置值
ioIB00In	0x0	—	VE Ch0 IBO0I 寄存器设置值
ioIC00In	0x0	—	VE Ch0 ICO0 寄存器设置值

续表7.12

名　称	设置值	单　位	说　明
ioIAADC0In	0x0	—	VE Ch0 IAADC0 寄存器设置值
ioIBADC0In	0x0	—	VE Ch0 IBADC0 寄存器设置值
ioICADC0In	0x0	—	VE Ch0 ICADC0 寄存器设置值
ioVDC0In	0x0	—	VE Ch0 VDC0 寄存器设置值
ioID0In	0x0	—	VE Ch0 ID0 寄存器设置值
ioIQ0In	0x0	—	VE Ch0 IQ0 寄存器设置值
ioMCTLF1In	0x0	—	VE Ch1 MCTLF0 寄存器设置值
ioMODE1In	0x0	—	VE Ch1 MODE0 寄存器设置值
ioFMODE1In	0x0	—	VE Ch1 FMODE0 寄存器设置值
ioTPWM1In	0x0	—	VE Ch1 TPWM0 寄存器设置值
ioOMEGA1In	0x0	—	VE Ch1 OMEGA0 寄存器设置值
ioTHETA1In	0x0	—	VE Ch1 THETA0 寄存器设置值
ioIDREF1In	0x0	—	VE Ch1 IDREF0 寄存器设置值
ioIQREF1In	0x0	—	VE Ch1 IQREF0 寄存器设置值
ioVD1In	0x0	—	VE Ch1 VD0 寄存器设置值
ioVQ1In	0x0	—	VE Ch1 VQ0 寄存器设置值
ioCIDKI1In	0x0	—	VE Ch1 CIDKI0 寄存器设置值
ioCIDKP1In	0x0	—	VE Ch1 CIDKP0 寄存器设置值
ioCIQKI1In	0x0	—	VE Ch1 CIQKI0 寄存器设置值
ioCIQKP1In	0x0	—	VE Ch1 CIQKP0 寄存器设置值
ioVDIH1In	0x0	—	VE Ch1 VDIH0 寄存器设置值
ioVDILH1In	0x0	—	VE Ch1 VDILH0 寄存器设置值
ioVQIH1In	0x0	—	VE Ch1 VQIH0 寄存器设置值
ioVQILH1In	0x0	—	VE Ch1 VQILH0 寄存器设置值
ioFPWMCHG1In	0x0	—	VE Ch1 FPWMCHG0 寄存器设置值
ioVMDPRD1In	0x0	—	VE Ch1 VMDPRD0 寄存器设置值
ioMINPLS1In	0x0	—	VE Ch1 MINPLS0 寄存器设置值
ioTRGCRC1In	0x0	—	VE Ch1 TRGCRC0 寄存器设置值
ioVDCL1In	0x0	—	VE Ch1 VDCL0 寄存器设置值
ioCOS1In	0x0	—	VE Ch1 COS0 寄存器设置值
ioSIN1In	0x0	—	VE Ch1 SIN0 寄存器设置值
ioCOSM1In	0x0	—	VE Ch1 COSM0 寄存器设置值
ioSINM1In	0x0	—	VE Ch1 SINM0 寄存器设置值
ioSECTOR1In	0x0	—	VE Ch1 SECTOR0 寄存器设置值
ioSECTORM1In	0x0	—	VE Ch1 SECTORM0 寄存器设置值
ioIAO1In	0x0	—	VE Ch1 IAO0 寄存器设置值
ioIBO1In	0x0	—	VE Ch1 IBO0I 寄存器设置值
ioICO1In	0x0	—	VE Ch1 ICO0 寄存器设置值
ioIAADC1In	0x0	—	VE Ch1 IAADC0 寄存器设置值
ioIBADC1In	0x0	—	VE Ch1 IBADC0 寄存器设置值
ioICADC1In	0x0	—	VE Ch1 ICADC0 寄存器设置值
ioVDC1In	0x0	—	VE Ch1 VDC0 寄存器设置值
ioID1In	0x0	—	VE Ch1 ID0 寄存器设置值
ioIQ1In	0x0	—	VE Ch1 IQ0 寄存器设置值

续表7.12

名　称	设置值	单　位	说　明
ioMMODEIn	0x0	—	VE 通用 MMODE 寄存器设置值
ioTADCIn	0x0	—	VE 通用 TADC 寄存器设置值
ioVCMPU0In	0x0	—	VE 通用 VCMPU0 寄存器设置值
ioVCMPV0In	0x0	—	VE 通用 VCMPV0 寄存器设置值
ioVCMPW0In	0x0	—	VE 通用 VCMPW0 寄存器设置值
ioOUTCR0In	0x1FF	—	VE 通用 OUTCR0 寄存器设置值
ioVTRGCMP00In	0x0	—	VE 通用 VTRGCMP00 寄存器设置值
ioVTRGCMP10In	0x0	—	VE 通用 VTRGCMP10 寄存器设置值
ioVTRGSEL0In	0x0	—	VE 通用 VTRGSEL0 寄存器设置值
ioEMGRS0In	0x0	—	VE 通用 EMGRS0 寄存器设置值
ioVCMPU1In	0x0	—	VE 通用 VCMPU1 寄存器设置值
ioVCMPV1In	0x0	—	VE 通用 VCMPV1 寄存器设置值
ioVCMPW1In	0x0	—	VE 通用 VCMPW1 寄存器设置值
ioOUTCR1In	0x0	—	VE 通用 OUTCR1 寄存器设置值
ioVTRGCMP01In	0x0	—	VE 通用 VTRGCMP01 寄存器设置值
ioVTRGCMP11In	0x0	—	VE 通用 VTRGCMP11 寄存器设置值
ioVTRGSEL1In	0x0	—	VE 通用 VTRGSEL1 寄存器设置值
ioEMGRS1In	0x0	—	VE 通用 EMGRS1 寄存器设置值
cADCLK_2us	0x49	—	ADC ADCLK 寄存器设置值 ADxCLK 设置（转换速度 2μs）
cADMOD0_Init	0x02	—	ADC ADMOD0 寄存器设置值 ADC REF ON

表 7.13　函数一览表

文件名	模块（函数名）	功能说明
main.c	Main	VE 软件主处理
	main_loop	初始化后的主控制循环处理
	B_User_Control	始动处理（转速、始动 d/q 轴电流设置）
	C_TOG_SW_Input	开　关
	C_Control_Ref_Model	电机状态转移处理
	C_Common	通用处理
	C_Stage_Stop	电机停止 / 零电流检测处理
	C_Stage_Emergency	紧急状态处理
	C_Stage_Initposition	电机定位处理
	C_Stage_Force	电机强制换流处理
	C_Stage_Steady_A	电机驱动正常处理
	C_command_limit_sub	指令限制核对处理
initial.c	B_User_Initialize	用户初始设置（调制方式、编码器使用等）
	init_PORT	端口初始化处理
	GEAR_TOP	最高（核处理）时钟（80MHz）设置处理
	GEAR_DIV	标准（核处理）时钟（40MHz）设置处理
	init_WDTen	WDT 有效化设置处理
	init_WDTdis	WDT 无效化设置处理
	init_WDTclr	WDT 计数清零处理

续表7.13

文件名	模块（函数名）	功能说明
initial.c	init_ENC0en	编码器 0 的初始设置处理
	init_ADCen	A-D 转换器初始化处理
	VE_Initialize	VE 初始化处理（仅寄存器设置）
interrupt.c	INTPMD0	PMD0 的中断处理
	INTEMG0	PMD0 的紧急中断处理
	INTAD0	ADC0 的触发中断处理
	INTENC	编码器中断处理
	INTVCA	VE 中断处理
m370_int.c	API_INT_Init	M370 中断初始化处理
	API_INT_claer_Init	清除所有的中断原因
	API_CG_Active_Set	设置时钟生成器的中断等级
	API_CG_Active_Reset	复位时钟生成器的中断等级
	API_INT_CER_All_Set	所有中断无效化
	API_INT_CER_Set	指定中断无效化
	API_INT_PR_Set	设置指定中断等级
	API_INT_PR_Reset	复位所有中断等级
	API_INT_SPR_ALL_Set	清除所有待处理的中断
	API_INT_SPR_Set	清除保留中的中断
	API_INT_SER_Set	指定中断有效化
system_int.c	NMI_Handler	NMI 处理器
	HardFault_Handler	Hard 错误处理器
	MemManage_Handler	MPU 错误处理器
	BusFault_Handler	Bus 错误处理器
	UsageFault_Handler	Usage 错误处理器
	SVC_Handler	SVCall 处理器
	DebugMon_Handler	调试监视处理器
	PendSV_Handler	PendSV 处理器
	SysTick_Handler	SysTick 处理器
	INT0_Handler	中断处理器（PH0/96 脚）
	INT1_Handler	中断处理器（PH1/95 脚）
	INT2_Handler	中断处理器（PH2/94 脚）
	INT3_Handler	中断处理器（PA0/2 脚）
	INT4_Handler	中断处理器（PA2/4 脚）
	INT5_Handler	中断处理器（PE4/15 脚）
	INTRX0_Handler	中断处理器（串行接收信号 – 通道 0）
	INTTX0_Handler	中断处理器（串行发送信号 – 通道 0）
	INTRX1_Handler	中断处理器（串行接收信号 – 通道 1）
	INTTX1_Handler	中断处理器（串行发送信号 – 通道 1）
	INTVCNA_Handler	中断处理器（矢量引擎 A）
	INTVCNB_Handler	中断处理器（矢量引擎 B）
	INTEMG0_Handler	中断处理器（PMD0 紧急停止处理）
	INTEMG1_Handler	中断处理器（PMD1 紧急停止处理）
	INTOVV0_Handler	中断处理器（PMD0 过压处理）
	INTOVV1_Handler	中断处理器（PMD1 过压处理）
	INTAD0PDA_Handler	中断处理器（PMD0 触发 ADC0 转换完成处理）

续表7.13

文件名	模块（函数名）	功能说明
	INTAD1PDA_Handler	中断处理器（PMD0 触发 ADC1 转换完成处理）
	INTAD0PDB_Handler	中断处理器（PMD1 触发 ADC0 转换完成处理）
	INTAD1PDB_Handler	中断处理器（PMD1 触发 ADC1 转换完成处理）
	INTTB00_Handler	中断处理器（16 位 TMRB0 匹配检测 0 处理）
	INTTB01_Handler	中断处理器（16 位 TMRB0 匹配检测 1 处理）
	INTTB10_Handler	中断处理器（16 位 TMRB1 匹配检测 0 处理）
	INTTB11_Handler	中断处理器（16 位 TMRB1 匹配检测 1 处理）
	INTTB40_Handler	中断处理器（16 位 TMRB4 匹配检测 0 处理）
	INTTB41_Handler	中断处理器（16 位 TMRB4 匹配检测 1 处理）
	INTTB50_Handler	中断处理器（16 位 TMRB5 匹配检测 0 处理）
	INTTB51_Handler	中断处理器（16 位 TMRB5 匹配检测 1 处理）
	INTPMD0_Handler	中断处理器（PMD0 PWM 中断）
	INTPMD1_Handler	中断处理器（PMD1 PWM 中断）
	INTCAP00_Handler	中断处理器（16 位 TMRB0 输入捕获 0）
	INTCAP01_Handler	中断处理器（16 位 TMRB0 输入捕获 1）
	INTCAP10_Handler	中断处理器（16 位 TMRB1 输入捕获 0）
	INTCAP11_Handler	中断处理器（16 位 TMRB1 输入捕获 1）
	INTCAP40_Handler	中断处理器（16 位 TMRB4 输入捕获 0）
	INTCAP41_Handler	中断处理器（16 位 TMRB4 输入捕获 1）
	INTCAP50_Handler	中断处理器（16 位 TMRB5 输入捕获 0）
	INTCAP51_Handler	中断处理器（16 位 TMRB5 输入捕获 1）
	INT6_Handler	中断处理器（PE6/17 脚）
system_int.c	INT7_Handler	中断处理器（PE7/18 脚）
	INTRX2_Handler	中断处理器（串行接收信号 – 通道 2）
	INTTX2_Handler	中断处理器（串行发送信号 – 通道 2）
	INTAD0CPA_Handler	中断处理器（ADC0 监视 A）
	INTAD1CPA_Handler	中断处理器（ADC1 监视 A）
	INTAD0CPB_Handler	中断处理器（ADC0 监视 B）
	INTAD1CPB_Handler	中断处理器（ADC0 监视 B）
	INTTB20_Handler	中断处理器（16 位 TMRB2 匹配检测 0 处理）
	INTTB21_Handler	中断处理器（16 位 TMRB2 匹配检测 1 处理）
	INTTB30_Handler	中断处理器（16 位 TMRB3 匹配检测 0 处理）
	INTTB31_Handler	中断处理器（16 位 TMRB3 匹配检测 1 处理）
	INTCAP20_Handler	中断处理器（16 位 TMRB2 输入捕获 0）
	INTCAP21_Handler	中断处理器（16 位 TMRB2 输入捕获 1）
	INTCAP30_Handler	中断处理器（16 位 TMRB3 输入捕获 0）
	INTCAP31_Handler	中断处理器（16 位 TMRB3 输入捕获 1）
	INTAD0SFT_Handler	中断处理器（PMD0 软启动 ADC0 转换完成处理）
	INTAD1SFT_Handler	中断处理器（PMD0 软启动 ADC1 转换完成处理）
	INTAD0TMR_Handler	中断处理器（PMD1 软启动 ADC0 转换完成处理）
	INTAD1TMR_Handler	中断处理器（PMD1 软启动 ADC1 转换完成处理）
	INT8_Handler	中断处理器（PA7/9 脚）
	INT9_Handler	中断处理器（PD3/33 脚）
	INTA_Handler	中断处理器（FTEST2/21 脚）
	INTB_Handler	中断处理器（FTEST3/20 脚）

续表7.13

文件名	模块（函数名）	功能说明
system_ int.c	INTENC0_Handler	中断处理器（编码器计时器 0）
	INTENC1_Handler	中断处理器（编码器计时器 1）
	INTRX3_Handler	中断处理器（串行接收信号 – 通道 3）
	INTTX3_Handler	中断处理器（串行发送信号 – 通道 3）
	INTTB60_Handler	中断处理器（16 位 TMRB6 匹配检测 0 处理）
	INTTB61_Handler	中断处理器（16 位 TMRB6 匹配检测 1 处理）
	INTTB70_Handler	中断处理器（16 位 TMRB7 匹配检测 0 处理）
	INTTB71_Handler	中断处理器（16 位 TMRB7 匹配检测 1 处理）
	INTCAP60_Handler	中断处理器（16 位 TMRB6 输入捕获 0）
	INTCAP61_Handler	中断处理器（16 位 TMRB6 输入捕获 1）
	INTCAP70_Handler	中断处理器（16 位 TMRB7 输入捕获 0）
	INTCAP71_Handler	中断处理器（16 位 TMRB7 输入捕获 1）
	INTC_Handler	中断处理器（PJ6/74 脚）
	INTD_Handler	中断处理器（PJ7/73 脚）
	INTE_Handler	中断处理器（PK0/72 脚）
	INTF_Handler	中断处理器（PK1/71 脚）
vector.c	__iar_program_start（声明）	中断处理器（IAR 库中的程序启动过程）
	NMI_Handler（声明）	NMI 处理器
	HardFault_Handler（声明）	Hard 错误处理
	MemManage_Handler（声明）	MPU 错误处理
	BusFault_Handler（声明）	Bus 错误处理
	UsageFault_Handler（声明）	Usage 错误处理
	SVC_Handler（声明）	SVCall 处理器
	DebugMon_Handler（声明）	调试监视处理器
	PendSV_Handler（声明）	PendSV 处理器
	SysTick_Handler（声明）	SysTick 处理器
	INT0_Handler（声明）	中断处理器（PH0/96 脚）
	INT1_Handler（声明）	中断处理器（PH1/95 脚）
	INT2_Handler（声明）	中断处理器（PH2/94 脚）
	INT3_Handler（声明）	中断处理器（PA0/2 脚）
	INT4_Handler（声明）	中断处理器（PA2/4 脚）
	INT5_Handler（声明）	中断处理器（PE4/15 脚）
	INTRX0_Handler（声明）	中断处理器（串行接收信号 – 通道 0）
	INTTX0_Handler（声明）	中断处理器（串行发送信号 – 通道 0）
	INTRX1_Handler（声明）	中断处理器（串行接收信号 – 通道 1）
	INTTX1_Handler（声明）	中断处理器（串行发送信号 – 通道 1）
	INTVCNA_Handler（声明）	中断处理器（矢量引擎 A）
	INTVCNB_Handler（声明）	中断处理器（矢量引擎 B）
	INTEMG0_Handler（声明）	中断处理器（PMD1 紧急停止处理）
	INTEMG1_Handler（声明）	中断处理器（PMD1 紧急停止处理）
	INTOVV0_Handler（声明）	中断处理器（PMD0 过压处理）
	INTOVV1_Handler（声明）	中断处理器（PMD1 过压处理）
	INTAD0PDA_Handler（声明）	中断处理器（PMD0 触发 ADC0 转换完成处理）
	INTAD1PDA_Handler（声明）	中断处理器（PMD0 触发 ADC1 转换完成处理）
	INTAD0PDB_Handler（声明）	中断处理器（PMD1 触发 ADC0 转换完成处理）

续表7.13

文件名	模块（函数名）	功能说明
	INTAD1PDB_Handler（声明）	中断处理器（PMD1 触发 ADC1 转换完成处理）
	INTTB00_Handler（声明）	中断处理器（16 位 TMRB0 匹配检测 0 处理）
	INTTB01_Handler（声明）	中断处理器（16 位 TMRB0 匹配检测 1 处理）
	INTTB10_Handler（声明）	中断处理器（16 位 TMRB1 匹配检测 0 处理）
	INTTB11_Handler（声明）	中断处理器（16 位 TMRB1 匹配检测 1 处理）
	INTTB40_Handler（声明）	中断处理器（16 位 TMRB4 匹配检测 0 处理）
	INTTB41_Handler（声明）	中断处理器（16 位 TMRB4 匹配检测 1 处理）
	INTTB50_Handler（声明）	中断处理器（16 位 TMRB5 匹配检测 0 处理）
	INTTB51_Handler（声明）	中断处理器（16 位 TMRB5 匹配检测 1 处理）
	INTPMD0_Handler（声明）	中断处理器（PMD0 PWM 中断）
	INTPMD1_Handler（声明）	中断处理器（PMD1 PWM 中断）
	INTCAP00_Handler（声明）	中断处理器（16 位 TMRB0 输入捕获 0）
	INTCAP01_Handler（声明）	中断处理器（16 位 TMRB0 输入捕获 1）
	INTCAP10_Handler（声明）	中断处理器（16 位 TMRB1 输入捕获 0）
	INTCAP11_Handler（声明）	中断处理器（16 位 TMRB1 输入捕获 1）
	INTCAP40_Handler（声明）	中断处理器（16 位 TMRB4 输入捕获 0）
	INTCAP41_Handler（声明）	中断处理器（16 位 TMRB4 输入捕获 1）
	INTCAP50_Handler（声明）	中断处理器（16 位 TMRB5 输入捕获 0）
	INTCAP51_Handler（声明）	中断处理器（16 位 TMRB5 输入捕获 1）
	INT6_Handler（声明）	中断处理器（PE6/17 脚）
	INT7_Handler（声明）	中断处理器（PE7/18 脚）
vector.c	INTRX2_Handler（声明）	中断处理器（串行接收信号 – 通道 2）
	INTTX2_Handler（声明）	中断处理器（串行发送信号 – 通道 2）
	INTAD0CPA_Handler（声明）	中断处理器（ADC0 监视 A）
	INTAD1CPA_Handler（声明）	中断处理器（ADC1 监视 A）
	INTAD0CPB_Handler（声明）	中断处理器（ADC0 监视 B）
	INTAD1CPB_Handler（声明）	中断处理器（ADC0 监视 B）
	INTTB20_Handler（声明）	中断处理器（16 位 TMRB2 匹配检测 0 处理）
	INTTB21_Handler（声明）	中断处理器（16 位 TMRB2 匹配检测 1 处理）
	INTTB30_Handler（声明）	中断处理器（16 位 TMRB3 匹配检测 0 处理）
	INTTB31_Handler（声明）	中断处理器（16 位 TMRB3 匹配检测 1 处理）
	INTCAP20_Handler（声明）	中断处理器（16 位 TMRB2 输入捕获 0）
	INTCAP21_Handler（声明）	中断处理器（16 位 TMRB2 输入捕获 1）
	INTCAP30_Handler（声明）	中断处理器（16 位 TMRB3 输入捕获 0）
	INTCAP31_Handler（声明）	中断处理器（16 位 TMRB3 输入捕获 1）
	INTAD0SFT_Handler（声明）	中断处理器（PMD0 软启动 ADC0 转换完成处理）
	INTAD1SFT_Handler（声明）	中断处理器（PMD0 软启动 ADC1 转换完成处理）
	INTAD0TMR_Handler（声明）	中断处理器（PMD1 软启动 ADC0 转换完成处理）
	INTAD1TMR_Handler（声明）	中断处理器（PMD1 软启动 ADC1 转换完成处理）
	INT8_Handler（声明）	中断处理器（PA7/9 脚）
	INT9_Handler（声明）	中断处理器（PD3/33 脚）
	INTA_Handler（声明）	中断处理器（FTEST2/21 脚）
	INTB_Handler（声明）	中断处理器（FTEST3/20 脚）
	INTENC0_Handler（声明）	中断处理器（编码器计时器 0）
	INTENC1_Handler（声明）	中断处理器（编码器计时器 1）

续表7.13

文件名	模块（函数名）	功能说明
vector.c	INTRX3_Handler（声明）	中断处理器（串行接收信号 – 通道 3）
	INTTX3_Handler（声明）	中断处理器（串行发送信号 – 通道 3）
	INTTB60_Handler（声明）	中断处理器（16 位 TMRB6 匹配检测 0 处理）
	INTTB61_Handler（声明）	中断处理器（16 位 TMRB6 匹配检测 1 处理）
	INTTB70_Handler（声明）	中断处理器（16 位 TMRB7 匹配检测 0 处理）
	INTTB71_Handler（声明）	中断处理器（16 位 TMRB7 匹配检测 1 处理）
	INTCAP60_Handler（声明）	中断处理器（16 位 TMRB6 输入捕获 0）
	INTCAP61_Handler（声明）	中断处理器（16 位 TMRB6 输入捕获 1）
	INTCAP70_Handler（声明）	中断处理器（16 位 TMRB7 输入捕获 0）
	INTCAP71_Handler（声明）	中断处理器（16 位 TMRB7 输入捕获 1）
	INTC_Handler（声明）	中断处理器（PJ6/74 脚）
	INTD_Handler（声明）	中断处理器（PJ7/73 脚）
	INTE_Handler（声明）	中断处理器（PK0/72 脚）
	INTF_Handler（声明）	中断处理器（PK1/71 脚）
D_Driver.c	H_Encoder	相位 / 速度处理：由编码器计算电机的角度
	D_Control_Speed	速度控制处理：由速度偏差计算 q 轴电流指令

第8章 无刷直流电机矢量控制开发平台

—— 使用内置矢量引擎的微控制器 TMPM370

〔日〕江崎雅康

8.1 概　述

■ 无刷直流电机矢量控制开发板的开发

有了内置矢量引擎的ARM Cortex-M3微控制器TMPM370后，无刷直流电机的矢量控制就变得容易了。但是，即便微控制器芯片和矢量控制软件到手，电机也并不是可以立刻运转的。

微控制器的外围，需要追加FET驱动器电路、FET驱动电路、电流检测电路。此外，还要准备无刷直流电机，并根据电机修改矢量控制软件的参数。此开发不光需要微控制器技术，还需要模拟电路、开关电源，以及电机相关知识。

没有电机控制电路经验的技术人员，若要单凭数据图表进行独立开发，一年半载也就是一眨眼的工夫。利用市售的万用板，手动接线组装电路并不容易。但是，开发试制板又要花费一笔不小的开支。

为此，笔者开发了图8.1所示的无刷直流电机矢量控制开发平台，以帮助初学者快速推进业务，节省开发试制板时从零到软件开发所耗费的时间和金钱。

■ 无刷直流电机矢量控制开发平台的功能和方框图

图8.2是无刷直流电机矢量控制开发平台的方框图。该开发平

图 8.1　无刷直流电机矢量控制开发平台
http://www.esp.jp/

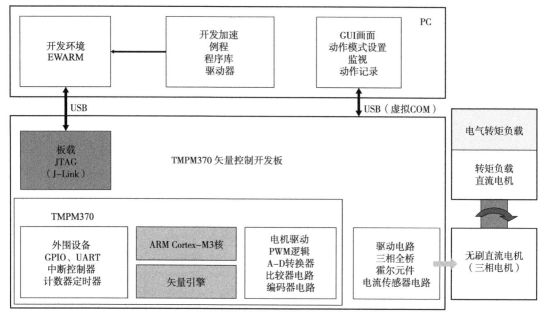

图 8.2　无刷直流电机矢量控制开发平台的方框图

台具备以下功能：

　　·进行矢量控制程序的开发

　　·使用JTAG调试器进行控制程序的C语言源代码调试

　　·通过矢量控制程序测试驱动无刷直流电机

　　·对无刷直流电机施加负载转矩

　　·通过USB连接PC的GUI画面修改矢量控制程序的参数，进行驱动动作的记录

　　开发平台由下列组件构成：

　　·矢量控制开发板（图8.3）

　　·实验无刷直流电机、转矩负载直流电机及电机固定座（图8.4）

　　·动作模式设置及监视用GUI程序（图8.5～图8.7）

　　矢量控制程序的开发是通过IAR系统公司的开发工具EWARM进行的。厂商提供的例程也是EWARM项目形式，可以仅修改部分程序让其运行。对于EWARM以外的开发环境，C源代码是通用的，可以重新构建项目进行开发。

　　EWARM的产品版约50万日元，可以使用厂商提供的评估版免费矢量控制程序（限32KB代码长度）编译。

　　使用EWARM开发的程序源代码调试，需要IAR系统公司的JTAG调试器J-Link。

　　图8.3所示的开发板搭载了板载JTAG芯片AT91SAM7S64（Atmel公司授权）。用USB线连接开发板上的迷你USB连接器（J6）和PC，也能实现与J-Link同样的调试环境。通过跨线设置板载JTAG功能无效后，也可以使用J-Link以外的调试器。

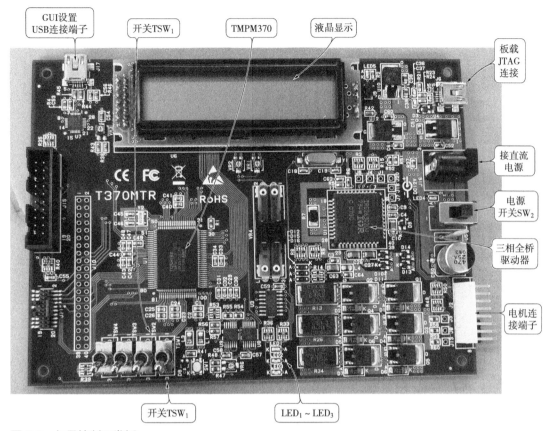

图 8.3　矢量控制开发板

图 8.4　实验无刷直流电机 TG-99D 和转矩负载有刷直流电机

　　平台板上的硬件及矢量控制程序要和控制对象无刷直流电机对应，建议选用可零买的无刷直流电机。笔者试制时购入了 TG-99D（TSUKASA 电工），作为实验电机。

　　图 8.2 中的转矩负载直流电机，用于对实验无刷直流电机施加适当的负载，进行负载特性实验。

　　为了用 USB 线连接开发板和 PC，进行控制参数的修改及驱动状态的记录，笔者

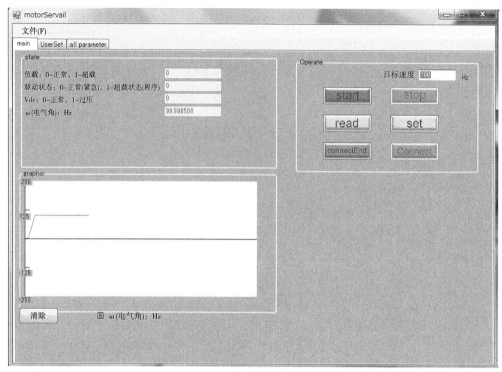

图 8.5　无刷直流电机开发平台的 GUI 程序①

MotorSurvail 主界面，用于电机启动、停止、控制参数的设置和读取，电机驱动时显示角频率

图 8.6　无刷直流电机开发平台的 GUI 程序②

MotorSurvail 参数设置界面（1）根据电机特性及驱动常要进行设置修改的参数群

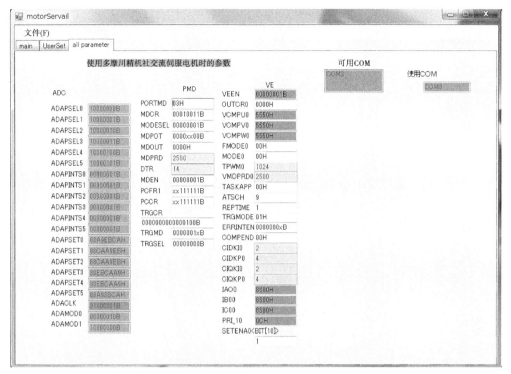

图 8.7　无刷直流电机开发平台的 GUI 程序②
MotorSurvail 参数设置界面（2）自动连接的虚拟 COM 端口号码显示在右上方，不应该修改的参数有阴影覆盖

开发了GUI程序。开发过程中发现，受处理时间的制约，可用的时间并不多，记录功能不得不受限于角频率。

■ 矢量控制开发板的电路

图8.8是图8.3所示矢量控制开发板的电路图，主要组成部分如下。

● 微控制器外围电路及 JTAG 电路

　　·TMPM370微控制器

　　·时钟及复位等外围电路

　　·20针JTAG连接器和20针跟踪连接器

　　·兼容J-Link的板载JTAG电路

● 无刷直流电机驱动电路

　　·三相FET全桥驱动器IC IRS26302

　　·三相驱动FET电路

　　·三相驱动电流检测电路

　　·紧急停止用过流检测比较器电路

● 电源电路及接口电路

·电源电路

·字符LCD显示电路（16字×2行）

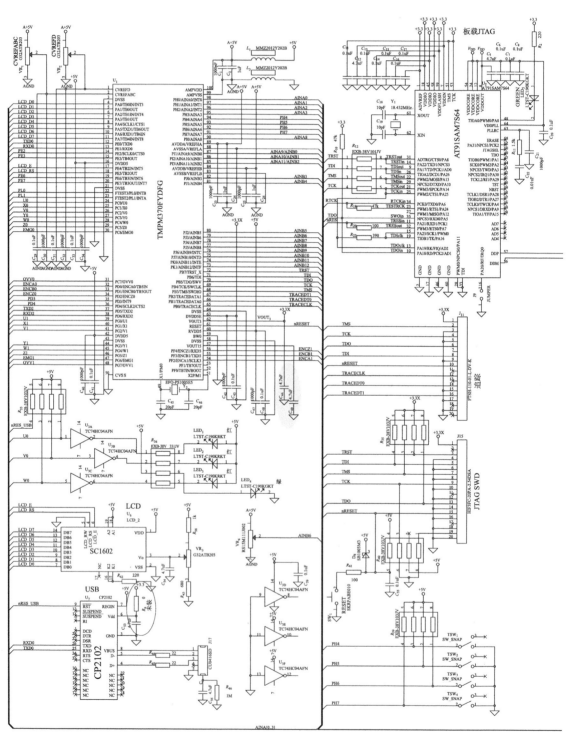

图 8.8 矢量控制开发板的电路图

·驱动指示用瞬动开关（4回路）

·芯片LED显示电路

·UART–USB转换电路

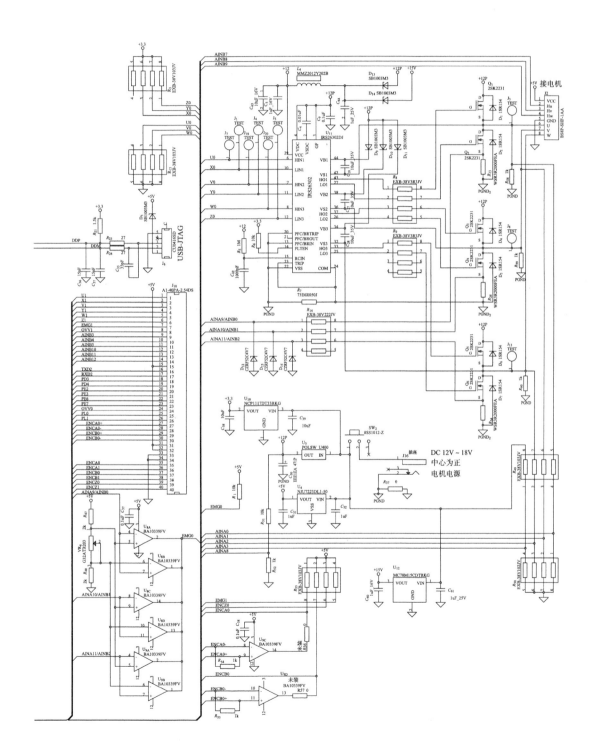

8.2 微控制器外围电路的设计

■ TMPM370 微控制器和外围电路的设计

表8.1列出了内置矢量引擎的ARM Cortex–M3微控制器TMPM370系列的规格。根据用途，器件的封装和功能各不相同。

本例开发板上搭载的是TMPM370系列的旗舰芯片TMPM370FYDFG。

图8.9是TMPM370的方框图。CPU是ARM Cortex–M3核，使用最高80MHz的时钟。电机驱动电路（Programmable Motor Driver，PMD）内含2组电路，可以同时控制2个电机。

TMPM370以5V单电源工作，模拟输入电压范围也是0～5V。芯片内部含有3.3V和1.5V稳压器，图8.8所示电路图中的C_{44}、C_{49}是用于稳定其输出的电容。

TMPM370的63脚DVDD5E，在新数据表中表述为"向输入输出和调试器共用端口（PBx）供电的引脚，连接与RVDD5（60号针）相同的电源"。但是，笔者开发时的数据表中表述为"向输入输出和调试器共用端口（PBx）供电的引脚，连接5V或3.3V（VOUT3）"。

开发板上的板载JTAG芯片是3.3V的，所以由图8.8中的VOUT3引脚供电。

时钟使用了10MHz陶瓷振荡器EFO–PS1005E5，也可以使用普通的10MHz晶体振荡器。TMPM370内部PLL电路可以将振荡频率倍增至最高80MHz，作为系统时钟。

复位电路是电阻R_{40}（10kΩ）和C_{55}（0.1μF）构成的简单的RC时间常数电路。ARM微处理器的JTAG调试器，存在从调试器发出复位信号、使用专用复位IC两种情况，需要使用开集输出器件。

表8.1 TMPM370 系列的规格[1]

型　号	CPU	ROM/KB	RAM/KB	最大工作频率/MHz	UART/SIO通道数	I2C/SIO通道数	A–D转换器（12位）通道数	定时器/计数器（16位）通道数
TMPM370FYDFG/FYFG	ARM Cortex M3	256	10	80	4	—	22	8
TMPM372FWUG	ARM Cortex M3	128	6	80	4	—	11	8
TMPM373FWDUG	ARM Cortex M3	128	6	80	3	—	7	8
TMPM374FWUG	ARM Cortex M3	128	6	80	3	—	6	8
TMPM375FSDMG	ARM Cortex M3	64	4	80	2	1	4	4
TMPM376FDDFG/FDFG	ARM Cortex M3	512	32	80	4	1	22	8

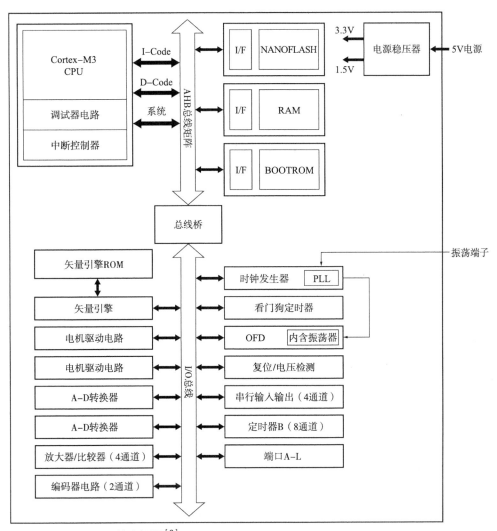

图 8.9　TMPM370 的方框图[2]

矢量引擎（VE）	三相PWM输出通道数	增量编码器输入通道数	外部中断端口数	I/O端口数	电源电压（最小）/V	电源电压（最大）/V	工作温度（最低）/℃	工作温度（最高）/℃	封　装	引脚数
有	2	2	16	76	4.5	5.5	−40	85	QFP100-P-1420-0.65Q（FYDFG）LQFP100-P-1414-0.50H（FYFG）	100
有	1	1	10	53	4.5	5.5	−40	85	LQFP64-P-1010-0.50E	64
有	1	1	8	37	4.5	5.5	−40	85	LQFP48-P-0707-0.50C	48
有	1	1	7	33	4.5	5.5	−40	85	LQFP44-P-1010-0.80A	44
有	1	1	3	21	4.5	5.5	−40	85	P-SSOP30	30
有	2	2	16	82	4.5	5.5	−40	85	QFP100-P-1420-0.65Q（FDDFG）LQFP100-P-1414-0.50H（FDFG）	100

CVREFABC、CVREFD分别是比较器A/B/C、比测仪D的基准电压供电引脚，可接可变电阻器。

■ TMPM370 微控制器的内存映射

TMPM370的内存映射如图8.10所示，通常工作于单引导模式。单引导模式是从SIO（串行I/O）向闪存写入程序的模式，但开发板具备标准板载JTAG功能，所以用不到。

0xFFFF FFFF	矢量引擎固有
0xE010 0000	
0xE00F FFFF	CPU内部寄存器
0xE000 0000	
	空
0x41FF FFFF	内部IO
0x4000 0000	
	空
0x2000 27FF	内部RAM（10KB）
0x2000 0000	
	空
0x0003 FFFF	内部ROM（256KB）
0x0000 0000	

0xFFFF FFFF	矢量引擎固有
0xE010 0000	
0xE00F FFFF	CPU内部寄存器
0xE000 0000	
	空
0x41FF FFFF	内部IO
0x4000 0000	
	空
0x3F83 FFFF	内部ROM（256KB）
0x3F80 FFFF	
0x3F7F FFFF	预留
0x3F7F F000	
	空
0x2000 27FF	内部RAM（10KB）
0x2000 0000	
	空
0x0000 0FFF	内部BOOTROM（4KB）
0x0000 0000	

图 8.10　TMPM370 的内存映射 [2]

用户可用的只有：

- 内部ROM　　256KB
- 内部RAM　　10KB
- 内部I/O
- CPU内部寄存器

■ TMPM370 微控制器的 JTAG 调试器电路

ARM系列微控制器对JTAG调试器用连接器规格有下列3项要求。

- 20针盒式联箱（JTAG + SWD调试接口）
- 20针跟踪连接器（可跟踪的2mm间距连接器）

· 10针SWD连接器（单线调试接口）

开发板上装有20针盒式联箱及跟踪连接器。另外，考虑到开发用试验台的特点，搭载了板载JTAG芯片，具体参见图8.8中的U$_2$（AT91SAM7S64）及外围电路。

该电路在图8.3中被液晶模块遮住了，看不见。这个电路拥有与IAR系统公司的J-Link相同的功能，可惜只能通过IAR系统公司的开发工具EWARM使用。使用其他公司的开发工具时，要让电路图上的J$_9$短路，使板载JTAG失效，将调试器插入20针JTAG联箱使用。

用USB线连接开发板的迷你USB连接器J$_6$到PC，通过板载JTAG电路，可以实现开发程序的C语言源代码调试和内部闪存的写入。

■ 开发板和 PC 端 GUI 程序通过 UART 通信

在模式2（UART8位模式）上设置TMPM370 的串行通道（SIO）的通道0，用于和PC端GUI程序的通信，具体参见图8.8中的U$_7$（CP2102）及外围电路。

该电路将TMPM270的UART信号转换为USB信号，通过虚拟COM端口与PC通信。

8.3　无刷直流电机的驱动电路和电源电路设计

■ 三相全桥驱动电路由 IRS26302 和 MOSFET 2SK2231 构成

无刷直流电机驱动电路由FET或IGBT构成。图8.8所示的电路是由电力MOSFET 2SK2231构成的。进行矢量控制的正弦波驱动时，需要高速PWM。

为了避免噪声，PWM控制要使用可听范围（16kHz）以上的频率。电力MOSFET无法由TMPM370的输出信号直接驱动。FET的栅极仅提供电压，不会流过电流，因为开关时需要栅极电容快速充放电。

电力MOSFET 2SK2231的标准栅极电容是370pF。为了快速开关电机的驱动电流，要使用可以驱动峰值电流的FET。

开发板中使用了图8.11所示的三相全桥驱动器IC IRS26302。无刷直流电机的驱动需要三相全桥驱动电路。驱动线圈有3条线，考虑到上下臂，共需驱动6个FET。

N沟道电力MOSFET的驱动，需要10V左右的栅极−源极电压。下臂的驱动，将TMPM370的输出信号（0～5V）转换为0～10V就够了。但是，上臂的驱动，要将微控制器的输出信号转换为

电源电压（12V）＋10V＝22V

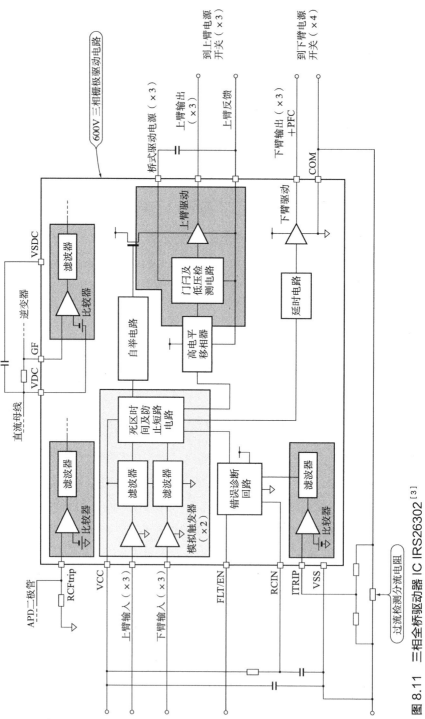

图 8.11 三相全桥驱动器 IC IRS26302[3]

可以用IRS26302进行三相的上下臂驱动。它有标准200mA的上臂驱动能力。电机的驱动电源电压可以达到600V。这个IC是为商用电源的逆变器电路开发的。

图8.12是厂商数据表上的应用电路，驱动器件采用的是IGBT。

形成这个IC的上臂驱动电压的电路有点讲究。在图8.8所示的电路中，上电后，电机驱动电源（+12V）立即通过电力肖特基二极管D_9、D_{10}、D_{11}为上臂电源引脚（VB_1、VB_2、VB_3）供电。

电机的PWM驱动开始时，由电容C_{10}、C_{27}、C_{28}组成的电荷泵电路在上臂电源引脚产生电压：

$$驱动电源电压（+12V）+12V$$

靠这个驱动电压，电力MOSFET可以在完全饱和状态下开关。IRS26302中带有负载电流保护电路，为了避免与TMPM370的电流控制功能产生冲突而没有使用。电机的各相电流检测是通过0.2Ω电阻WSR3R2000FEA实现的。

■ 开发板的电源电路

开发板的电源电路如图8.13所示。由电机驱动电源的12V生成的+5V和+3.3V，分别向TMPM370控制系统和板载JTAG电路供电。

12V通过自恢复保险丝U_{400}直接向电机驱动电路供电。自恢复保险丝是为了防止电机过流导致电路受损而设置的。

8.4　无刷直流电机的选型及特性

电机选型并不容易。无刷直流电机在很多变频空调及滚筒式洗衣机中都有应用，但并没有面向一般用途的零售渠道。能以1个为单位购买的无刷直流电机，基本上是用于工厂生产线等工业用途的，很多都是与驱动板配套销售的。另外，驱动电压大多是市电整流得到的140～300V。

笔者认为，没有电机控制经验的人，尝试用试制系统进行矢量控制时，最好采用无触电危险的48V以下的驱动电压。另外，尽量采用即便进行错误的驱动控制也不易引发事故的功率规格，且能持续入手的电机。鉴于此，定了图8.14所示的TG-99D（TSUKASA电工）。

图8.15是这款电机的外形图，表8.2是其特性表，图8.16是其特性图。虽是24V驱动的电机，但根据电源（交流适配器）的情况，笔者决定采用12V。

图8.17是TG-99D的内部接线图。无传感器驱动需要使用以下引脚。

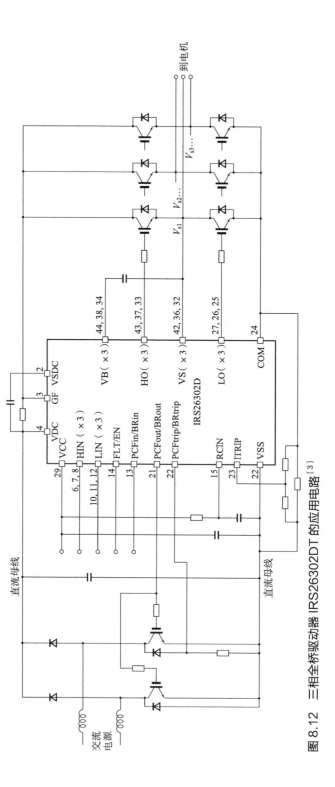

图 8.12 三相全桥驱动器 IRS26302DT 的应用电路[3]

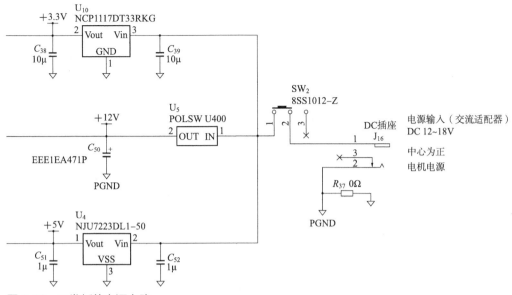

图 8.13　开发板的电源电路

图 8.14　无刷直流电机 TG-99D（TSUKASA 电工）

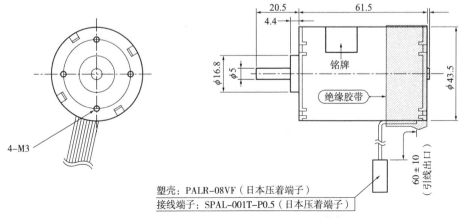

图 8.15　无刷直流电机 TG-99D（TSUKASA 电工）的外形[4]

表 8.2　无刷直流电机 TG-99D（TSUKASA 电工）的特性表[4]

名　称	额定电压 /V	空载转速 /(r/min)	空载电流 /mA	额定转矩		额定转速 /(r/min)	额定电流 /mA	旋转方向	质量 /g
				mN·m	gf·cm				
TG-99D	24	3500	243	78.4	800	2810	1292	双向	390

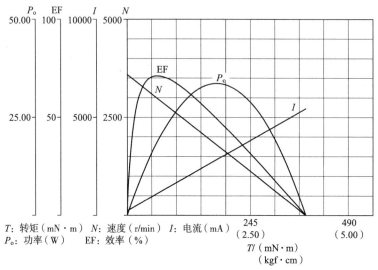

T：转矩（mN·m）　N：速度（r/min）　I：电流（mA）
P_o：功率（W）　EF：效率（%）

图 8.16　无刷直流电机 TG-99D（TSUKASA 电工）的特性（240V）[4]

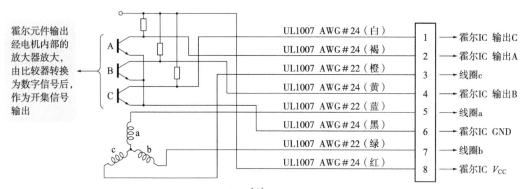

图 8.17　无刷直流电机 TG-99D 的内部接线图[4]

- ·线圈a：5脚
- ·线圈b：7脚
- ·线圈c：3脚

为了能进行使用霍尔元件的实验，预留霍尔元件的电源和输出信号线。

因为不能将电机放在桌上进行运转实验，所以笔者制作了图8.18所示的电机固定座。电机自身在驱动中会发热，将其法兰固定在金属支架上有利于散热。图8.18所示固定座上有2个支架，这是为了安装2台电机：

- ·实验无刷直流电机TG-99D
- ·转矩负载有刷直流电机

图 8.18　笔者制作的电机固定座

用联轴器连接2个电机的旋转轴，使TG-99D旋转时，另一台有刷直流电机变为发电机。有刷直流电机的电源端子保持开路状态时，TG-99D的转矩负载仅仅是有刷直流电机的机械摩擦；电源端子上接入适当的电阻负载时，转矩负载为

　　　机械摩擦 + 电流负载

调整电阻值改变有刷直流电机的电流，可以调节无刷直流电机TG-99D的负载。

8.5　动作参数的修改和具备记录功能的 GUI 程序的开发

■ 开发动作模式设置及记录 GUI 程序 motorSetServail

矢量控制程序的开发，需要反复进行

　　·电机测试驱动→程序修改（源代码及控制参数）

尤其是作为控制对象的电机的特性参数的修改很费事。

考虑到每次修改参数时，都要重复以下过程进行电机测试驱动：

　　·源程序的修改→建立（编译&关联）→闪存写入

笔者开发了图8.5～图8.7所示的GUI程序MotorSurvail的操作界面。

MotorSurvail具备以下两个功能。

① 电机控制参数的修改输入：在PC端GUI中输入电机驱动的控制参数并写入开发板，就可以进行电机测试驱动。

② 记录驱动中的电机控制参数：实时记录驱动中的电机控制参数。该功能需要在微控制器的矢量控制剩余时间进行。当前受内部SRM、通信速度等的制约，停留在角频率显示阶段。

■ GUI 程序 motorSetServail 的启动

GUI程序`motorSetServail`的启动顺序如下。

① 将开发板的电源开关（SW_2）拨至右侧，关闭电源。

② 将无刷电机接到开发板上。

③ 用USB线连接开发板和PC。

④ 将开发板上的瞬动开关TSW_1 ~ TSW_4置于OFF状态。

⑤ 将交流适配器（12V、5A）接到开发板，将电源开关（SW_2）拨至左侧——ON。

⑥ LED_4点亮，液晶屏显示"w-SPEED"。

⑦ 向上拨动钮子开关TSW_1，电机开始旋转，LED_1 ~ LED_3点亮。如果要进行GUI程序操作，则开关应维持向下的状态。

⑧ 双击PC界面上的"MotorSurvail的快捷方式"，即可启动GUI程序。

MotorSurvail启动后的界面如图8.5所示。PC的USB驱动会查找虚拟COM端口并自动连接。

自动连接完成后，"Operate"窗口的"start""read""set"按钮的文字呈加黑效果。点击"all parameter"卡片，显示图8.6所示的界面，在"使用COM"栏可以确认自动连接的虚拟COM端口号。

■ GUI 程序 motorSetServail 的操作

在图8.5所示的"main"界面中，点击"start" 按钮，MotorSurvail向开发板发送电机驱动信号，电机启动。

电机启动后，"state"窗口显示驱动状态，"graphic"窗口显示电气角（ω）。在笔者当初的开发计划中，目标是在这里选择性显示I_d、I_q等参数，但因处理时间的问题没有实现。

"operate"窗口的按钮功能如下。

· "start"：电机启动

· "stop"：电机停止

· "read"：将开发板上设置的控制参数读取到MotorSurvail

· "write"：将MotorSurvail上设置的参数传送到开发板

· "connectEnd"：断开MotorSurvail和开发板的连接

· "connect"：连接MotorSurvail和开发板

点击"UserSet"卡片，显示图8.6所示的界面；点击"all parameter"卡片，显示图8.7所示的界面。这两个界面是电机驱动参数的设置界面。

在"main"界面，让电机停止，修改图8.6、图8.7中的参数，用"write"命令写入参数，即可将设置数据传送到开发板上。再次按下"start"，电机按照新设置的参数启动。无法在电机驱动状态下进行参数的修改。

参考文献

［ 1 ］㈱東芝セミコンダクター社，東芝マイクロエレクトロニクス㈱. モータ制御用マイコンのご紹介 PMD（Programmable Motor Driver）. 2009.

［ 2 ］㈱東芝セミコンダクター社 . 32 ビット RISC マイクロコントローラ TX03 シリーズ TMPM370FYDFG TMPM370FYFG データシート rev.03，2009.

［ 3 ］International Rectifier.IRS26302 データシート .

［ 4 ］ツカサ電工 . ブラシレス DC モータ TG-99D データシート .

第9章 定位伺服控制板的开发和机器人应用

—— 使用 TMPM370 驱动双足步行机器人

〔日〕江崎雅康　坂本元

9.1 轻量、小型、强力的定位伺服控制板

■ TMPM370 可以应对各种使用方法

作为TMPM370的应用实例，到第8章为止以无传感器驱动为主。空调、冰箱、滚筒式洗衣机等应用，发挥了无传感器驱动和矢量控制的节能效果。此外，这种芯片本身通过外围电路和设置也可以实现定位控制及额定转矩控制等。

灵活应用第8章介绍的开发平台的评价实验的结果，开发双足步行机器人的HAJIME研究所开发了定位伺服控制板。如图9.1所示，控制板用于双足步行机器人的伺服电机驱动。电机使用的是Maxon公司的带编码器的无刷直流电机。

工业机器人是固定在台面上的，所以对伺服控制板的大小及质量并不敏感。但是，双足步行机器人等自立型机器人，必须考虑包含伺服控制板和电机在内的自重，需要小而轻、可以提供大转矩的电机。由于无法使用市售的伺服电机和伺服放大器，所以独立开发了图9.2所示的伺服控制板。

该伺服控制板具有下列特征：

· 不进行无传感器驱动

· 电机启动时，通过霍尔元件检测转子的初始位置

· 通过编码器检测转子的正确位置

图9.1　电机控制采用TMPM370的高2m的"HAJIME 机器人 33 号"

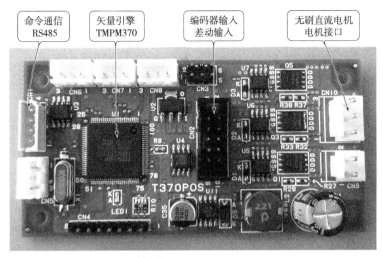

命令通信 RS485

矢量引擎 TMPM370

编码器输入 差动输入

无刷直流电机 电机接口

图 9.2 制作的定位伺服控制板 T370POS
使用内置矢量引擎的 TMPM370 实现轻量化、小型化、强力化

■ 采用 TMPM370 开发的定位伺服控制板的规格

开发的定位伺服控制板如图 9.2 所示，外形尺寸为 45mm × 90mm，能够驱动 200 ~ 500W 的电机。

如图 9.3 所示，将臂长约 1m 的 6 轴机械臂，搭载在图 9.1 中高 2m 的"HAJIME 机器人 33 号"上进行评价。结果是，不仅通过矢量控制达到了节能效果，还通过正弦波驱动及转矩控制实现了安静顺畅的控制。

试制的 T370POS 定位伺服控制板的电路如图 9.4 所示。为了实现小型化，微控制器使用了小型封装的 TMPM370FYFG。

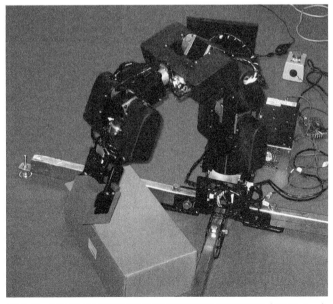

图 9.3 采用定位伺服控制板 T370POS 的机械臂（臂长 1m）

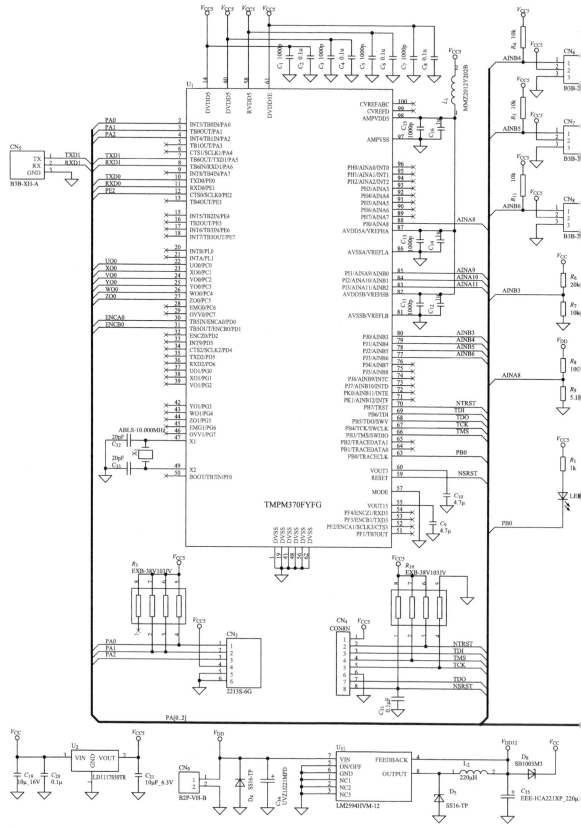

图 9.4 T370POS 定位伺服控制板的电路

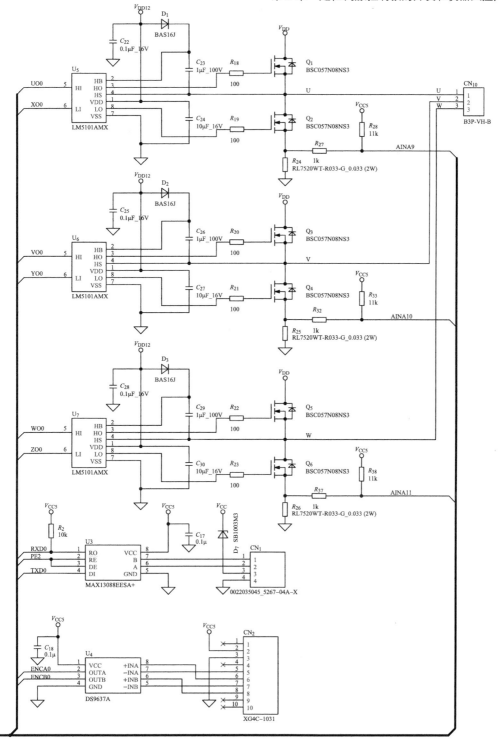

对于定位伺服控制，电机启动时是不允许存在直流励磁强制换流引起的嘎嘎声的，所以通过霍尔元件检测转子位置。

9.2 定位伺服控制板的设计

■ 目标驱动能力是 200 ~ 500W

TMPM370输出的三相电机驱动信号UO0、XO0、VO0、YO0、WO0、ZO0，通过驱动IC LM5101AMX电平位移后，驱动构成三相全桥电路的6个电力MOSFET。

LM5101AMX（TI）的内部等效电路如图9.5所示。这种IC可以驱动上下臂的N沟道FET。其峰值驱动电流最高为3A，拥有在8ns内驱动带有1000pF栅极电容的FET的能力，驱动电压最高可达100V。

三相线圈驱动用的开关器件，使用了最新的电力MOSFET BSC057N08NS3（英飞凌）。这种器件的特性如下。

- 漏极–源极电压：80V（最大值）
- 最大漏电流：100A（$V_{GS}=10V$，25℃）
- 漏极–源极通态电阻：4.7mΩ

通过计算可知，它可以驱动8kW的电机。

80V × 100A＝8kW

实际考虑到电压边际及元件发热，目标性能如下。

- 电机驱动电源电压：10 ~ 48V
- 电机电流：10A

电机驱动电源电压48V，电流10A，最大功率480W的平稳驱动是目标。

■ 电源电路的设计

假设电机驱动电源电压V_{DD}在10 ~ 48V之间，用开关稳压器LM2594HVM–12降压后形成FET驱动用的+12V，再通过低压差线性稳压器LD1117S50TR形成TMPM370用的+5V。

电机电源电压可能会因剧烈的负载电流变动降至+6V以下，这时连接器CN_1的3脚接6V辅助电源。

■ 电流检测电路及电源电压监视输入

用0.033Ω电阻RL7520WT–R033检测三相线圈的电流。TMPM370内含运算放大器。电流检测电压，通过电平位移用的电阻电路输入到A–D转换器输入端。

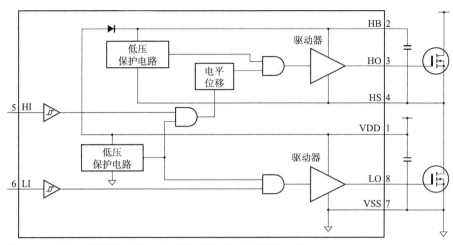

图 9.5　高电压栅极驱动器 LM5101AMX 的内部等效电路

- ・AINA9：U相电流
- ・AINA10：V相电流
- ・AINA11：W相电流

电机驱动电压V_{DD}通过A–D转换器输入端AINA8监视，控制电路电源V_{CC}通过AINA3监视。

■ T370POS 伺服控制板的驱动特性

采用TMPM370的控制中，矢量控制运算的大部分是由硬件实现的，很难从外部观察动作状态。第8章介绍的开发板的数据记录，也仅限于角频率。但是，本章介绍的控制板的特性实验，花大工夫实际获取了特性数据。

图9.6是三相电机的线圈电流I_a、I_b、I_c的图表。将各PWM操作频率的测试数据全部连续地通过UART从微控制器中提取出来是不可能的。但是，使用TMPM370内部

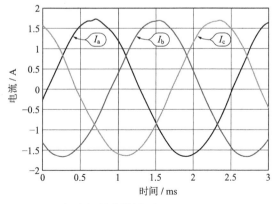

图 9.6　三相电机的电流波形

SRAM的一部分记录测试数据，之后通过缓慢提取的方法，可以提取短时间的数据。图9.6便是用这种方法获取的数据图表化后的内容。

这是TMPM370内部A–D转换器获取的矢量控制运算的实际电流值。当然，SRAM容量很小，无法长时间记录，只能记录电机旋转一圈多的时间。

同样，记录的电压指令值是图9.7所示的可在矢量控制教科书中看到的波形，是第一次观察到的实际移动的矢量控制板实测数据。由于没有同时记录图9.6所示电流值和图9.7所示电压指令值的内存容量，所以这是通过每次重写程序获得的数据。

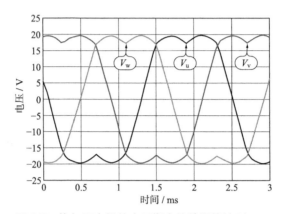

图 9.7　施加于电机的电压指令值数据的波形

图9.8给出了电机轴处于固定状态的无刷直流电机矢量控制驱动的I_d、I_q的测量数据。电机在额定电流产生额定转矩的稳定状态，是可以读取测量数据的。

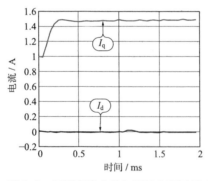

图 9.8　无刷直流电机矢量控制驱动的电流（I_d、I_q）波形

9.3　定位控制程序的流程图

图9.9（a）是定位伺服控制板的程序流程图。电机启动时，仅需1次霍尔信号上升沿中断，便可通过霍尔传感器和编码器准确计算转子的位置。

矢量引擎的PWM计算与20kHz的中断同步进行。通过1ms的中断处理，进行

・基于编码器的转速计算

・位置控制

・速度控制

图9.9（b）是试制程序的控制方框图。

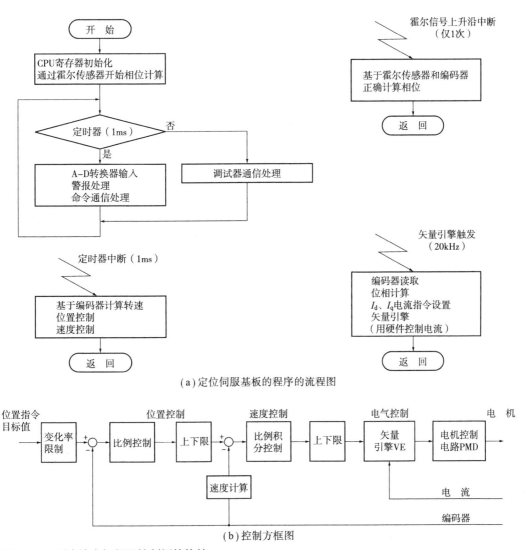

（a）定位伺服基板的程序的流程图

（b）控制方框图

图9.9　无刷直流电机伺服控制板的软件

专栏 钳形三相电流传感器的试制

无刷直流电机矢量控制，正确的电流测量非常重要。在电机的研发中，电流测量有着重要的意义。

笔者受托开发的钳形电流传感器的方框图如图9.A和图9.B所示。电源采+12V单电源，可通过电箱右下方的直流插座供电。

· 市电：通过交流适配器提供12V，0.5A

· 电池：10～16V（铅蓄电池等）

· 汽车点烟器

量程增益可以通过滑动开关选择1.5A、15A、150A中的任何一个。通过这个开关切换内部模拟放大器的增益。

将以下两种钳形传感器中的任一种，配置3套连接到后面盘的连接器，自动切换。

· CT9691（图9.C）：±5V（日置电机）

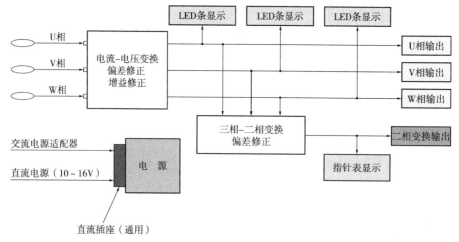

图 9.A 三相电流表的系统组成

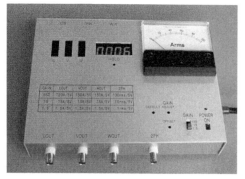

图 9.B 钳形电流传感器和放大器
无刷直流电机矢量控制开发的必需品

图 9.C 钳形电流传感器 CT9691（日置电机）

・HCS-16-100APCLS（图9.D）：±15V（URD）

这两种都是使用了霍尔元件的宽频带电流传感器。这类电流传感器的特点是可以通过直流正确测量10kHz交流电流，缺点是存在零点飘移误差。

测量前要进行校零和增益调整。以前是手动的，图9.B所示的试制机采用2个ARM微处理器，实现了一键自动校零和自动增益调整功能。

在待测电机电路的电源关闭的状态下，接通电流传感器的电源，按下"OFFSET"，自动调整偏差值，此时的输入电压变为零。该值会被内部闪存记忆，即便切断电源也会被保存。

当下列电流流过各相钳形传感器时，按下"GAIN ADJUST"就会自动设置增益补偿值。

・150A量程：50A

・15A量程：10A

・1.5A量程：1A

这个增益补偿值也会被闪存ROM记忆，即便切断电源也不会消失。

想要将自动校零、自动增益调整设置值恢复到初始值，按下"DEFAULT"即可。这种自动调整功能，是按每种增益（150A、15A、1.5A）设置最适值。

将150A、15A、1.5A的各量程值换算为0~5V电压值，输出到前面板的BNC连接器。内部微控制器计算的三相电流有效值，以0~5V的换算值输出到BNC引脚。另外，这个有效值也显示于指针表上。

该钳形电流传感器的电路图如图9.E所示。

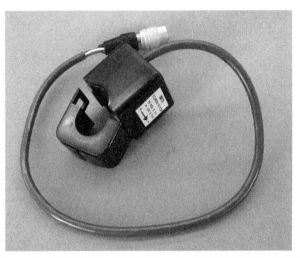

图 9.D　钳形电流传感器 HCS-16-100APCLS（URD）

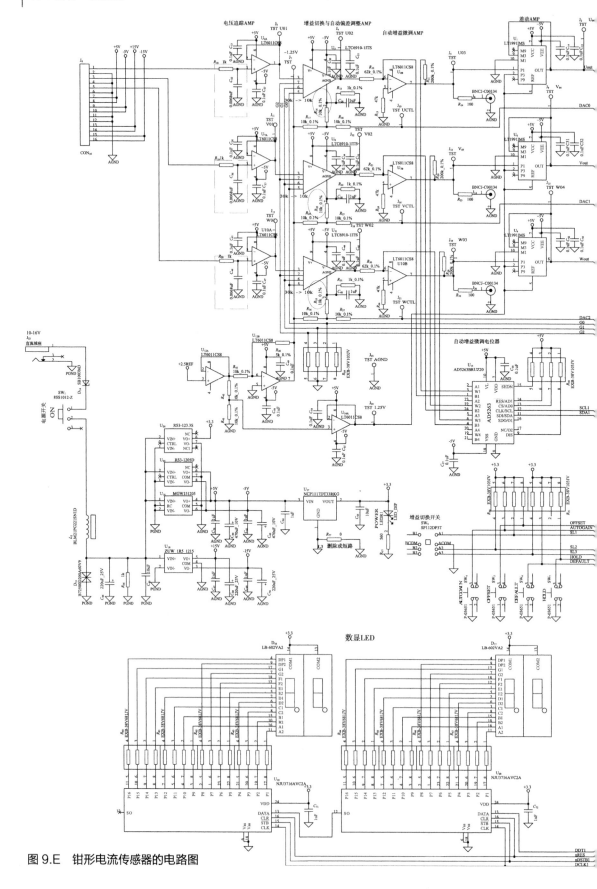

图 9.E　钳形电流传感器的电路图

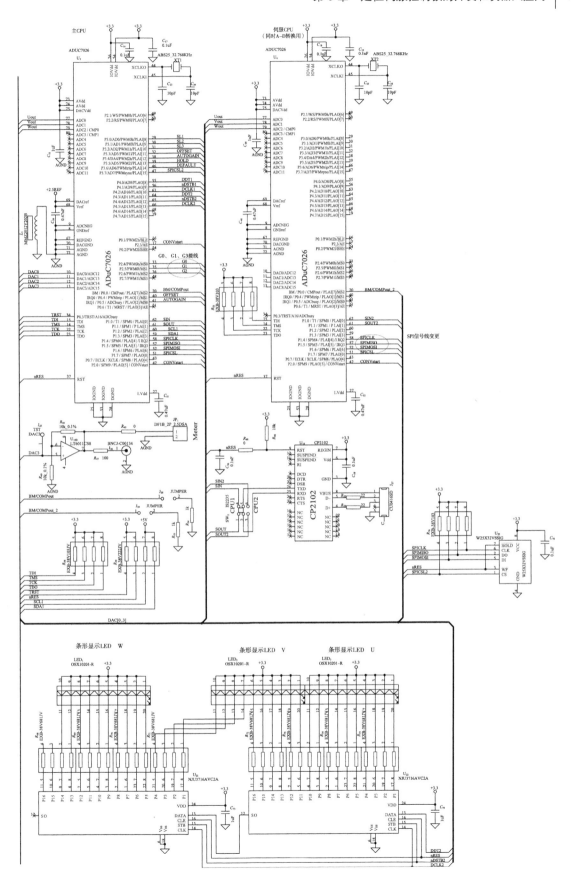

笔者介绍

江崎雅康

1948年，出生于日本岐阜县羽岛市。

1970年，毕业于日本京都大学工学院电气工程二系（坂井研究室）。

1970年，就职于日本三洋电机股份有限公司。截至2005年，一直从事信息设备、太阳能设备、护理设备（身体残障人士辅助机器人、体温自动调节机）、冷热设备（吸收式冷冻机微控制器控制、微型压缩机）、自动化设备（高速图像检查）、通信设备（SS无线）等的研发。

2005年，就任日本ESP企划株式会社董事长。将公司搬迁至新干线岐阜羽岛站前的大厦（自购），以发展新干线相关事业。通过日本文部科学省智能集群创生事业"听觉功能辅助系统""高龄者床位检测系统"、经济产业省战略性基础技术高级辅助事业"实时工业设备用仿真器""基于图像并行处理技术的工业高精度丝印掩膜检查装置的开发"、总务省SCOPE"为提高县产品牌牛肉附加值而进行的便携式牛肉美味测量终端的研发"等委托事业，一边设法提高年轻员工的技术能力，一边推进事业化。以嵌入式微控制器控制、高速图像处理、电机控制为支柱，致力于图像定位设备、高速图像检查设备等工业事业。

自1989年起，以笔名"吉田幸作"为CQ出版社的《晶体管技术》、*Interface*、*Design Wave*等杂志撰稿。于2006年创办的OJT型研究会"周六日系统开发部"，一直持续到现在。

小柴晋

现就职于日本东芝微电子株式会社模拟系统LSI统筹部混合信号控制器应用技术部。

石乡冈伸行

1964年，出生于日本青森县弘前市。

1984~1990年，在日本山形大学工学院高分子科学系高分子膜研究室学习。

1990年至今，在日本东芝微电子株式会社，负责东芝生产的微控制器控制的小家电、充电器等的软件开发。现在负责电机控制微控制器的企划、销售、客户服务。

坂本元

1967年，出生于日本和歌山县田边市。

1985~1989年，在日本上智大学理工学院电气电子工程系活体测量研究室学习。

1989~2000年，在日本川崎重工业株式会社负责大型设备控制软件，有控制软件设计、开发、现场调试经验。

2002年至今，创立研究所，开始类人机器人的开发。目前正在联合日本大阪市西淀川区的町工场开发身高4米的内含座舱的类人机器人。擅长机器人及机械运动控制。